Remarkable
TREES

非凡之树

63 个传奇树种的秘密生命

［英］克里斯蒂娜·哈里森　［英］托尼·柯卡姆　著

王晨　译

华中科技大学出版社
http://www.hustp.com

有书至美
BOOK & BEAUTY

中国·武汉

图书在版编目（CIP）数据

非凡之树：63个传奇树种的秘密生命/（英）克里斯蒂娜·哈里森，（英）托尼·柯卡姆著；王晨译. —武汉：华中科技大学出版社，2020.6
ISBN 978-7-5680-6065-3

Ⅰ.①非… Ⅱ.①克… ②托… ③王… Ⅲ.①树种-普及读物 Ⅳ.①S79-49

中国版本图书馆CIP数据核字（2020）第038357号

Remarkable Trees © 2019 Thames & Hudson Ltd, London
Text and Illustrations © 2019 the Board of Trustees of the Royal Botanic Gardens, Kew, unless otherwise stated, see p. 252.
Designed by Lisa Ifsits
Translation © 2020 Huazhong University of Science & Technology Press Co., Ltd.

This edition first published in China in 2020 by Huazhong University of Science and Technology Press, Wuhan
Chinese edition © 2020 Huazhong University of Science and Technology Press

本作品简体中文版由Thames & Hudson Ltd授权华中科技大学出版社有限责任公司在中华人民共和国境内（但不含香港、澳门和台湾地区）出版、发行。

湖北省版权局著作权合同登记 图字：17-2019-279号

非凡之树：63个传奇树种的秘密生命

Feifan zhi Shu 63 Ge Chuanqi Shuzhong de Mimi Shengming

[英] 克里斯蒂娜·哈里森 著
[英] 托尼·柯卡姆
王晨 译

出版发行：华中科技大学出版社（中国·武汉）	电话：（027）81321913	
北京有书至美文化传媒有限公司	（010）67326910-6023	
出版人：阮海洪		

责任编辑：莽 昱 杨梦楚
责任监印：徐 露 郑红红 封面设计：邱 宏

制　作：北京博逸文化传播有限公司
印　刷：中华商务联合印刷（广东）有限公司
开　本：787mm×1092mm　1/16
印　张：16
字　数：110千字
版　次：2020年6月第1版第1次印刷
定　价：168.00元

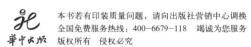

本书若有印装质量问题，请向出版社营销中心调换
全国免费服务热线：400-6679-118　竭诚为您服务
版权所有　侵权必究

混合产品
源自负责任的
森林资源的纸张
FSC® C022764
www.fsc.org

目 录

前 言 9

前　言

长久以来，树木对我们一直非常重要，这不只是因为它们的自然之美和品格，还因为在漫长的岁月里，它们以多种方式在我们的生存中发挥着核心作用。我们已经和它们一起共同生活了几千年，而它们仍在继续供养、庇护和激励我们。它们供应多种生活必备物资，食物、药物、木材、油脂、树脂和香料，还行使重要的生态功能，例如提供我们呼吸的氧气，控制土壤侵蚀，吸附污染物，充当碳汇和净化水质，以及缓和气候。科学家常常将这些好处称为"自然资本"。除了提供这些好处，树还成为歌曲、诗歌、故事和绘画的主题，而且它们已经融入我们的宗教、民间传说和习俗中。它们是通向我们的历史的直接纽带，并且可以对我们的想象和记忆施加强大的影响。

关于树，最常见的植物学描述是一种拥有自我支撑的多年生木本茎干的植物。它不一定必须高大或者达到一定的树龄，实际上某些树的形态是灌木或者矮小物种，还有一些树的寿命相当短。对于树的定义，可以进行极具开放性的诠释，并且能够找到多种不同的描述，因此全世界的树木物种数量有时会出现不同的说法。对于什么是树，我们在这里使用一种更加宽泛的定义，将一些棕榈包括在内，即使它们的茎没有次生结构（它们是单子叶植物），因此不能称为"木本"。然而，像椰子（coconut）这样自我支撑的多年生棕榈物种在它们的生境占据的生态位和木本树木非常相似，所以我们想在这里加入它们令人着迷的故事。

树是多样性极为丰富的一类植物，以一系列令人眼花缭乱的形态和大小分布在世界各地，生长在各种各样的生境中。据估计，全世界有大约 6 万个树木物种，从包括桦树（birches）在内的亚北极圈苔原小型乔木到高耸的热带硬木如桃花心木（mahogany），从生长在索科特拉岛（Socotra）干旱地貌中的龙血树（dragon's blood tree）到愉快地生活在咸水里的红树（mangrove）。

树是进化的杰出范例，它们在过去的 3.6 亿年里不断发展，以匹配不同的气候、土壤、降雨模式以及它们能够填补的任何生态位。这种进化动力常常导致特别的适应性特征，从抵御捕食者或者帮助愈合伤口的树胶和树液，到有利于种子扩散的果实，也正是这些东西让它们成为对我们有用的事物。

作为坚定、威严和长寿的象征，树是地球上最古老、最庞大和最令人难忘的生物，似乎存在于一种和我们不同的时间尺度上。

树常常被当作寻常事物，甚至是我们生活的绿色背景，但它们永远不应该被视为理所当然之物。当你踏上旅程，前往任何一座植物园，例如英国皇家植物园邱园，那就像是穿行在一本让人爱不释手的佳作的书页之间，每一种树都是书的一页，每一页都讲述一个引人入胜的别样故事。

而在这本书里，我们想带你走近 60 多种特别的树木，代表着全世界的大部分主要生境，而它们只是所有不同凡响的树木物种中的一部分。几个世纪以来，树还激发了画家、探险家和植物学家的灵感，让这本书可以将皇家植物园邱园庞大的图书馆、美术馆和档案馆收藏中最精美的一些树木绘画用作插图。

树的价值和重要性可以从很多方面看出来。我们用各种各样的木材进行创造，我们发现了树木的哪些部位是好吃的，哪些部位能够杀死或者治愈我们，哪些物种为我们的生活增添色彩和灵性。这本书中的很多树曾经改变了历

史的轨迹，丰富了我们的文化、经济和社会。它们都有精彩的故事可以讲。例如，你知道肉豆蔻（nutmeg）的价格曾经超过和它同等质量的黄金吗？乳香树（frankincense）珍贵的树脂曾是世界上第一份圣诞节礼物，你知道什么地方仍然生长着野生乳香树吗？你知道它们沿用至今的收割方法是什么吗？又或者哪种树拥有世界上最大的果实？哪种树光是坐在树下都会让你产生剧烈的头痛？以及哪种树能在 3 小时内致人死亡？这些问题的答案都能在这本书里找到。

作为坚定、威严和长寿的象征，树是地球上最古老、最庞大和最令人难忘的生物，似乎存在于一种和我们不同的时间尺度上。在这些书页中，我们将带你踏上一场旅程，去看看全世界最不同寻常的一些树木物种。欧洲红豆杉（yew）和长寿松（bristlecone pine）名列现存已知最古老的生物名单，而红杉（redwood）和桉树（eucalypt）以创纪录的高度矗立在所有其他树木上空。金鸡纳树（quinine）、可可（cacao）、油橄榄（olive）和黑檀（ebony）因其制品备受珍视，是最令人向往的一些树，而另一些树继续受到人们的崇拜，包括榕树（banyan）和猴面包树（baobab）。

据估计，从前生存状况无虞而现在面临灭绝威胁的树木物种超过 8000 个。任何正在走向灭绝的物种都是一个悲剧，因为它代表着在进化出它的生境里，

上图：在马来西亚和印度尼西亚，很多人日常饮食中的一种主要成分来自西谷椰子（sago palm）。它被认为是热带地区最早开发并用作食物的一种作物之一。

对页图：肉豆蔻曾经珍贵到改变了人类历史的轨迹。数千人在争夺肉豆蔻贸易控制权的战斗中丧命，而这些果实的价格一度超过和它同等质量的黄金。

复杂的生命网络缺失了一块构成整体必需的部分。树帮助我们生存和繁荣，但它们也是稳定生态系统的支柱和庞大生态网络的一部分，支持着许多其他生物。如果没有树，那么从昆虫、鸟类和哺乳动物到真菌和细菌，很多种类的生物都将走向彻底的失败。我们希望这本书给你启发，让你认识到树的奇妙和重要，以及全球树木不可思议的多样性。从这里讲述的故事中，我们显然会认识到树木丰富了我们，以及我们为什么应该关心它们，对于我们的生活和文化、我们的过去和将来，它们都是密不可分的一部分。

黎巴嫩雪松（cedar of Lebanon）

建筑和创造

在人类的全部历史中，从威严的橡树到强壮的欧洲红豆杉和用途广泛的榛树，树为我们提供了用于建筑和创造的原材料。我们用它们的木材建筑简朴的居所、华丽的殿堂和高耸的庙宇，制作栅栏、篮子、家具、独木舟和马车，所有这些东西都让我们的生活变得更加便利。木材对于船只和武器建造是必不可少的，而船只让文明和贸易得以扩张，武器让人们可以征服新的土地。用树木制造的纸用于创造卷轴、图书、素描和油画，给世界带来智慧和启蒙。

关于不同种类木材的来之不易的经验及其多种用途的知识已经流传了千百年之久，因此即使在今天，我们仍然知道橡木在建造房屋时结实耐久，欧洲栗（sweet chestnut）适合做围栏桩和木桶，刺槐（black locust tree）可以制造持久耐用的地板。巨云杉（Sitka spruce）也许是可用性最强的一种木材，从帽子和绳索，到钢琴和吉他、船只和飞机，可以用于很多东西的制造。

欧洲红豆杉曾是在英国制造长弓的首选木材，许多其他树木也曾因为特殊的用途和象征性受到重视。雪松在古典时代备受珍视，因为它被用来建造庙宇和船只，例如埋在埃及大金字塔旁边的那艘船。在日本，泡桐树用于制作精美的乐器和嫁妆盒子。桃花心木家具和镶嵌体曾经是地位和财富的标志。对一种树最具体的使用也许发生在一种特定类型的柳树身上，人们喜欢用它制作质量最好的板球棒。而且我们利用的不只是树的木材，欧洲栓皮栎（Cork oak）的树皮曾有多种不同的用途，包括制造至关紧要的酒瓶塞。

我们的先辈懂得为了可持续地收获树木而栽培林地的重要性，并且明白，如果管理良好，它们将如何成为重要资源以及社区繁荣的标志。近些年来，随着其他合成材料的出现，我们不再那么直接依赖树，而且丢失了一些和树的紧密联系。然而，我们并不需要回望远方才能认识到树木之于我们生活的重要性。我们仍然继续用木材建筑房屋和制作家具，并创造图书、雕塑和极为美丽的物品。我们仍然有可能看到甚至触摸可追溯到数千年前的传统，从而重新建立我们和树的关系。

雪松

Cedar

———————

黎巴嫩雪松（*Cedrus libani*）是一种外形庄严的树木，独特的层状水平分枝向外宽阔地舒展并伸向空中，它很久以前就在人类历史中占据着特殊的地位，出现在也许是全世界最早的文学作品中。《吉尔伽美什史诗》（*The Epic of Gilgamesh*）是一部古老的苏美尔诗歌，撰写于约公元前 2000 年，讲述了英雄国王吉尔伽美什（Gilgamesh）的故事。他和同伴恩奇杜（Enkidu）一起前往雪松森林，与怪物洪巴巴（Humbaba）战斗；杀死怪物之后，他们砍倒了许多雪松树。

黎巴嫩雪松多次作为力量和美的象征出现在《圣经》中。它还被认为有药效：在《旧约》中，上帝向摩西训诫，雪松木是牧师应该用来治疗麻风病的材料之一。因为这种拥有细腻纹理的美丽木材很结实，有香味，持久耐用而且防虫蛀，所以它得到了古代众多民族的青睐，包括腓尼基人、以色列人、埃及人、巴比伦人、波斯人和罗马人。所罗门王派人前往黎巴嫩采购他正在耶路撒冷修建的神庙所需的雪松木。通过用雪松木建造商船，腓尼基人成了全世界第一个海上贸易民族，埋在胡夫金字塔（吉萨的大金字塔）旁的那艘船就是用巨大的雪松木块建造的，可追溯至约公元前 2500 年。埃及人还在制作木乃伊的过程中使用雪松树脂。后来，古罗马作家维特鲁威（Vitruvius）声称位于以弗所的黛安娜神庙（古代世界七大奇迹之一，又称为阿尔忒弥斯神庙）的屋顶是用雪松木建造的。

这种高耸的常绿针叶树可以长到 35 米高，原产地中海东部，包括土耳其的托罗斯山脉（Taurus Mountains）、叙利亚和黎巴嫩，最大的树据说有几千年的寿命。在它的故乡黎巴嫩，由于木材的过度开发以及害虫、牧民的山羊和

对页图：黎巴嫩雪松的卵圆形球果生长在树枝末端，常常每隔一年结一次果。它们在成熟后散落，释放出里面的种子。

Pinus Cedrus

Pinus Cedrus

雪松

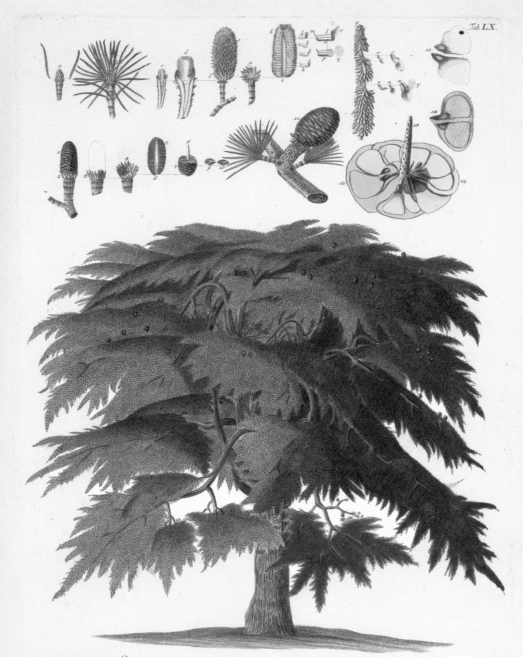

CEDRVS *foliis rigidis acuminatis non deciduis, conis subrotundis erectis* Plant. fol. tab. 1.

a. juli gemma; b. julus cum calyce prominens; c. idem per longitudinis medium dissectus; d. in magnitudine aucta; e. julus perfectus; f. ejus calyx porri-
stens; g. calyx separatus a facie interiori, h. julus separatus et per longitudinis medium dissectus; i. ejus axis; k. stamina aliquot separata; l. stamen
in magnitudine aucta cum filamento m. per brevi, anthera n. magna et o. ejus extremitatis squama; p. anthera transverse dissecta; q. pulvis aridus; r. stamē
a facie superiori, s. in magnitudine aucta, t. a facie laterali, u. inferiori, x. in magnitudine aucta, y. pars pollinis quem continet; 1. conus junior, 2. ejus
calyx; 3. calyx separatus a facie externa, 4. interna; 5. ejusmodi conus per longitudinis medium dissectus, 6 ejus axis, 7. ejus pars inferior, 8. axeis denu-
datus; 9. squamula separata a facie inferiori, 10. superiori; 11. conus paullo adultior; 12. coni maturi pars inferior, cujus squamis semina incumbunt; 13. e-
jus axis; 14. squamarum una separata cum binis seminibus; 15. bina unius squama semina separata.

现代冬季体育活动造成的破坏，其自然种群正在减少并面临威胁。黎巴嫩山（Mount Lebanon）上幸存的最后一些小树林被称为"上帝的雪松"，并在1998年列入联合国教科文组织《世界遗产名录》，从而受到它们应得的保护。

黎巴嫩雪松引进欧洲的确切日期目前尚不确定。在不列颠群岛，牛津大学的阿拉伯文化学者爱德华·波寇克（Edward Pococke）曾在圣地（巴勒斯坦）当过牧师，据说他在1638年用自己从叙利亚带回来的一粒种子种下一棵树，这棵树至今仍生长在牛津郡。此后和其他富于异域风情的树木一起，雪松一直作为观赏园景树种植在欧洲和美国的许多大型公园和花园里。包括威廉·肯特（William Kent）和"万能的"斯洛特·布朗（Lancelot "Capability" Brown）在内，赫赫有名的风景园林师用它们创造出美丽而持久的效果。

黎巴嫩雪松多次作为力量和美的象征出现在《圣经》中。

在北半球，其实还有其他三个真雪松物种。它们的外形都很相似，拥有威严的水平分枝、蓝绿色针叶和卵圆形球果，球果成熟时都会散落，释放出里面的种子。北非雪松（*Cedrus atlantica*，英文名 Atlas cedar）生长在摩洛哥和阿尔及利亚的阿特拉斯山脉。雪松（*Cedrus deodara*，英文名 deodar cedar）原产喜马拉雅西部；它的拉丁学名和英文名都有 deodara 这个词，意思是"众神之木"，而这个词源自梵文 devadāru（deva，神或神圣的；dāru，木头或树木）。雪松是巴基斯坦国树，与黎巴嫩雪松一样，因其木材不易腐朽，还拥有抛光效果良好的紧密纹理，所以庙宇建造曾对这种木材有着很大需求。克什米尔地区斯利那加的著名船屋就是用雪松木建造的。因为其抗菌效果和驱虫效果，在印度喜马偕尔邦的西姆拉、古卢和金瑙尔地区，这种木材也曾被用来建造肉类和谷物仓库。

第三个物种是罕见的塞浦路斯雪松（*Cedrus brevifolia*，英文名 Cyprus cedar），是塞浦路斯的特有物种，其天然种群只生长在塞浦路斯中部特罗多斯山脉中的一小片区域。由于这种非常局限的岛屿分布，这种雪松非常脆弱。在火灾和气候变化的威胁下，它已经快要落入极度濒危的境地。

不要将真雪松（true cedar）和其他几个英文名里也包含这个词的物种弄混，例如北美乔柏（Western red cedar）和北美翠柏（incense cedar），它们压根不是真正的雪松，分别来自完全不同的崖柏属（*Thuja*）和翠柏属（*Calocedrus*）。

雪松

北美圆柏（*Juniperus virginiana*，英文名 pencil cedar）也来自不同的分类单元，正如英文名所暗示的那样，它的木材曾被认为是制造铅笔的最佳材料。它被称为"cedar"，是因为它的木材和真雪松有香味的粉棕色心材很像。

在 2 世纪初，对黎巴嫩雪松喜爱有加的罗马皇帝哈德良（Hadrian）在地中海东部竖起石头边界标记，为剩余的树木建立起一座帝国保护区，希望保护它们，阻止更多树被砍伐。不幸的是自 2013 年以来，雪松属树木，特别是生长在公园和花园里的北非雪松和雪松，正面临着链孢壳属真菌 *Sirococcus tsugae* 所致病害的新威胁。这种病害会让针叶变成异常的粉色，接下来树冠顶部会出现褐化和枯梢。黎巴嫩雪松需要它们自然生境中湿润冷凉的气候条件才能蓬勃生长，而气候变化正在影响这些条件，威胁这些树木的生存。人们正在进行种种努力，试图复兴黎巴嫩境内的雪松林，确保这些古老而庄严、见证过众多人类文明兴衰变迁的树木能够继续生存下去。

桃花心木

Mahogany

如果一种树木和最高档的家具密不可分，尽管这些家具来自一个几乎已经逝去的时代，那它就是桃花心木［桃花心木属（*Swietenia*）］。精美的桃花心木桌子、椅子、橱柜和镶板如今更常作为古董见于博物馆和乡村别墅，而不是出现在普通住宅中，尽管它们曾经很受追捧。（实际上，齐本德尔式桃花心木家具仍然很受青睐，而且价格昂贵。）桃花心木的宝石红色木材抛光后很有光泽，而这种光泽加上这种木材紧密的纹理，让任何用它制成的物品都有一种温润的质感。

许多乐器也是用桃花心木制作的，它被称为一种"音质木"（tonewood），因为它致密的质地有助于乐器发出圆润平衡的声音。它曾用于制作吉他背板、曼陀林、鼓和昂贵的小提琴，但是现如今，它被制成乐器的可能性大大降低，因为这种树已经成了濒危物种，这正是它备受青睐的优良品质的直接后果。

> **这种巨大且长寿的树木……，在它的原产地中南美洲可以高耸在雨林的林冠之上。**

最重要的商用物种是大叶桃花心木（*Swietenia macrophylla*），英文名 big-leaved mahogany，拉丁美洲名 caoba。这种巨大且长寿的树木高达 30 米至 40 米，有时可以长到 60 米高，在它的原产地中南美洲可以高耸在雨林的林冠之上。它的叶片可以长至 50 厘米长，因此拉丁学名的种加词是 *macrophylla*，意为"大叶"。稀疏地点缀在热带低地混合林中，常常生长在河边或者深厚的土壤中，这种桃花心木在当地文化和许多其他物种的生态系统中发挥着重要作用，包括濒危物种大水獭的栖息地。在它们生长的地方，这种树有助于维持河滨土壤的稳定，它们能够减少河岸侵蚀，并让这些区域的生态环境在洪水过后尽快恢复。

　　大叶桃花心木是亚马孙雨林中最具商业价值的一个树种，如果采取严格的管理措施以避免过度砍伐，人类本可以对这一资源进行可持续的开发和利用。然而，尽管这一物种在列入《濒危野生动植物物种国际贸易公约》（CITES）之后受到了法律保护，非法砍伐的现象仍然大量存在，直接影响了其种群数量、再生恢复和它生长的自然栖息地。如今就分布范围而言，大叶桃花心木虽然超过了另外两个亲缘关系较近的桃花心木物种，但自 20 世纪 50 年代以来，其种群数量还是减少了 70%。同时，它现在还受到砍伐和毁林开荒的双重威胁。

　　西印度群岛桃花心木（*Swietenia mahagoni*，英文名 Caribbean mahogany）是欧洲人发现的第一种桃花心木，并在 17 世纪和 18 世纪出口。它的木材被认为是最漂亮的，而它遭到了彻底的过度开放。如今它和墨西哥桃花心木（*Swietenia humilis*，英文名 Honduras mahogany）在市面上已经近乎绝迹了。多年以来，人们曾多次尝试建立大叶桃花心木种植园（尤其是在印度），但是收效甚微，因为它很容易遭到茄黄斑螟幼虫的危害。

　　桃花心木会绽放彼此相独立的雄花和雌花，并由蜂类和蓟马授粉。其木质化果实充满了种子，每粒种子都长着一片可以让它们乘风飞翔的尾状翅，能飞到距离母株 500 米远的地方。如果任其自然生长，桃花心木就会成为先驱物种，它们能在生态受到干扰的土地或者密不透风的林冠缝隙下兴旺起来。但是，它们的木材和其他产物在商业利益方面的诱惑实在太大，使得它们无法成熟便遭砍伐，也无法充分发挥其潜力，长成雄伟、美丽而极其有用的热带树木。

桃花心木

ACACIA AMERICANA ROBINI.

刺槐

Black locust tree

刺槐（*Robinia pseudoacacia*）原产北美洲，如今已经在全世界的许多温带地区归化。人们认为它的天然分布范围只局限于美国东部和南部的两个相对较小且彼此分离的区域，即宾夕法尼亚州南部的阿巴拉契亚山脉和密西西比州西部的欧札克高原。然而它如今广泛分布于北美大陆，生长于美国 48 个州、加拿大东部地区和不列颠哥伦比亚省。它已经在林地、铁轨沿线和公路边成为一种十分成功的杂草性入侵树木，因为它每年都会结大量有活力的种子，还能通过根蘖在地下迅速繁殖，通过入侵阳光充足的被清空的林地和受扰动的森林边缘建立优势。

刺槐蜜……充满花朵气息，味道柔和，近乎透明，被鉴赏家认为是最令人享受的蜂蜜。

刺槐的木材是北美树木中最坚硬的一种，可与山核桃木媲美，但更耐腐蚀，因此是很受欢迎的木材。它曾用于制造马车轮，是家具、地板和栅栏的优选材料，还可建造简朴的游乐场设备。剥去树皮之后，用油对裸露的黄色木材进行抛光处理。因为持久耐用，刺槐木还是造船业的重要材料，例如制作固定木材用的木钉。

刺槐在 1601 年首次引入欧洲，它的种子被种在巴黎圣母院附近的一个广场，种植者是让·罗宾（Jean Robin），法国国王亨利四世（Henry IV）在枫丹白露宫的御用植物学家兼草药医师。1636 年，以插穗繁殖的第二棵刺槐被让·罗宾的儿子韦斯帕西安（Vespasien）种植于巴黎植物园中，他也是国王的御用园丁。后来，瑞典植物学家卡尔·林奈（Carl Linnaeus）将该属命名为 *Robinia*，以纪念这对父子。种加词 *pseudoacacia* 的字面意思是"假相思树"（false acacia [注]），这也是它的常用英文名之一，因为这种树并不是真正的相思树。

对页图：与豌豆和其他豆类一样，刺槐也是豆科成员，而且它有香味的白色花朵和豌豆花相似。在意大利，人们采集这些花，裹上一种淡面糊，然后炸成一种甜味油炸饼，称为 "frittelle di acacia"。

它在 1636 年引入英国，并成为一种很受欢迎的城市景观树木，因为它耐工业污染。目前仍然生长在皇家植物园邱园里，一批有确切树龄的最古老的树被称为"邱园老狮子"，其中一棵就是早期种植在英国的刺槐。你还可以见到它生长在奥古斯塔公主（Princess Augusta）最初在 1762 年所建的占地 2 公顷（约 5 英亩）的树木园。虽然如今它的大部分树干是被金属带固定在一起的死木头，但这棵树的健康状况依然良好，继续快活地生长着。

在成年之前，刺槐是一种生长迅速的树木，而且最终可以长到大约 30 米高。随着时间的推移，它的树干变得扭曲并布满深沟，呈现出一副粗犷且具有东方风貌的外表，个性十足。在幼嫩的枝条和小枝上，灰绿色羽状复叶的基部长有一对非常尖锐的木质刺。这些复叶的每一片小叶会在下雨时折叠起来，在夜晚还会改变位置，这个过程称为"感夜性"（nyctinasty），是豆科（Fabaceae）许多成员的典型习性。刺槐最神奇的特质之一是它悬挂在枝头的

硕大而醒目的白色花序。它们有浓郁的香味，花粉数量少并含有大量花蜜，因此对蜜蜂极具吸引力。刺槐蜜在英语中称为"acacia"蜜，它充满花朵气息，味道柔和，近乎透明，被鉴赏家认为是最令人享受的蜂蜜。它很容易被身体吸收，果糖含量高于其他种类的蜂蜜，所以升糖指数较低。在意大利，人们采集刺槐花，裹上一种淡面糊，然后炸成一种味道淡雅甜美的油炸饼，称为frittelle di acacia（"acacia"油炸饼）。刺槐花还用于香水制造业。

　　要说起扎根在欧洲的林地和花园这一点，没有哪种美洲树木能像刺槐这么成功了。农场主兼政治家威廉·科贝特（William Cobbett）对刺槐的品质称赞有加。可是尽管他在自己写于1825年的造林学著作《林地》（the Woodlands）中称其为"树中之树"，刺槐却从未成为受人欢迎的林业树种。科贝特以刺槐种子和植株进口商、经销商自居，据称他曾卖出超过100万棵刺槐植株，仍供不应求。尽管刺槐的木材是有用的，可它无法笔直地生长，因此人们极少在其他地方大量种植刺槐，除非只是为了愉悦身心而将其作为观赏植物种在公园和花园里。

[注] acacia 一词此前对应中文名为金合欢，最新的《中国植物志》将其改为相思树。

建筑和创造

欧洲栓皮栎

Cork oak

全世界最古老、最巨大的欧洲栓皮栎（*Quercus suber*）已有超过 234 岁高龄，生长在葡萄牙小镇阿瓜德莫拉。它被唤作"哨声欧洲栓皮栎"，指的是在它枝头做窝的数百只鸣禽的叫声，它在 1988 年成为国家纪念地。它的高度超过 16 米，树干需要 5 个人才能合抱。为了制造软木塞，这棵现象级的树至少被剥过 20 次皮，最著名的是 1991 年那次，一共得到 1200 千克树皮，制造出超过 1 万块软木，比平均每棵欧洲栓皮栎树终生制造的软木数量还多。

我们对软木塞的许多有用属性非常熟悉，而这种感觉并不是什么新鲜事物。从法国大里博岛（Grand Riband）附近海域的一艘沉船打捞上来的伊特鲁里亚双耳瓶可追溯至公元前 6 世纪或前 5 世纪，而且用软木塞小心地密封着。在后来的 1 世纪，古罗马作家老普林尼（Pliny the Elder）在他著名的作品《博物志》（*Natural History*）中提到了欧洲栓皮栎，解释它的树皮如何用作锚索和渔网的浮子、木桶的塞子，以及妇女冬季鞋子的鞋底。另一位古罗马作家科路美拉(Columella)在撰写农业著作时建议使用欧洲栓皮栎的软木树皮做蜂箱，因为它能维持均匀的温度。

欧洲栓皮栎是一种生长缓慢但长寿的常绿中型乔木，可以长到 20 米高，树冠宽阔开展，宽度通常大于树的高度。个体平均寿命可达 200 年。它自然生长在伊比利亚半岛上的葡萄牙和西班牙以及非洲东北部沿海地区，包括摩洛哥、阿尔及利亚和突尼斯，并在所有这些地方享受冷凉湿润的冬季和炎热干燥的夏季。略带光泽的叶片有刺，而橡子在秋季成熟。在西班牙和葡萄牙，这些橡子被猪觅食，因此那里出产的火腿有一种特别迷人的风味。但是最让这种树著称的是它肥厚、粗糙且具深棱纹的树皮。拥有如此发达的树皮，欧

洲栓皮栎是一种耐火植物（pyrophyte），也就是说它在进化中获得了忍耐火烧的能力。树皮中大量含有一种蜡质，名为木栓质（suberin），它的英文名就是用欧洲栓皮栎的种加词命名的；它会形成一层保护性屏障，阻止水和溶液的流动，从而令软木树皮成为一种有用的材料。

一棵树在大约25岁树龄、长到特定的尺寸时首次收割树皮。这个过程在5月至8月期间由受过训练、技艺娴熟的收割者手工操作，只使用一把传统形状的锐利斧子，不使用机械。大块弯曲的树皮从树干上剥离，而这个过程不会伤害、杀死或砍倒这种树，这让它成为一种可持续发展的作物和可再生资源。树皮收割之后还会再生，9年之后可以再收割一次，而一棵树终其一生只能收割12次。裸露的内层树皮呈深红色，而且人们还会用白色颜料在树干上写下1至9的数字，标记出距离上一次收割树皮过了几年。

第一次收割在葡萄牙语中有专门的称呼，叫作desbóia。收割得到的"处女软树皮"结构过于不规则，难以用于制造瓶塞，而是用在许多其他方面，包括隔音、地板砖和墙壁贴砖、插针板、板球芯和钓鱼竿把手。直到第三次收割，软木树皮才开始拥有制造葡萄酒和香槟酒瓶塞所需的最佳质地。在整个欧洲，软木产业每年雇佣大约 3 万人，制造 30 万吨软木，其中 15% 的软木制成了瓶塞。葡萄牙生产的软木占全球产量的 50%，而欧洲栓皮栎在葡萄牙极受重视，砍伐一棵活着的欧洲栓皮栎是违法的，而砍伐年迈且生产力低下的树需要获得特别许可。

软木不渗漏液体和气体，可以压缩并恢复，而且质量轻，这些特点让它成为成功的葡萄酒瓶密封材料，但它的隔热性能也受到了重视和利用。从中世纪的修道院和美国国家航空航天局的太空项目，在漫长的岁月里，软木一直被用作一种隔热和防寒材料。来自葡萄牙 225 棵欧洲栓皮栎的软木和其他材料一起，用于为航天飞机"哥伦比亚号"（Columbia）的外燃料箱隔热。

欧洲栓皮栎林是真正美丽的生境。它们常常和包括常绿的冬青栎（*Quercus ilex*，英文名 evergreen holm oak）、意大利伞松（Stone pine，111 页）和油橄榄（90 页）在内的其他物种一起出现在地中海的灌木林地和牧场混合生境中，这种生境又称马基群落（maquis）。这种开阔林地农林复合生态系统在葡萄牙的名字是 montado，在西班牙是 dehesa，由在开阔地生长的乔木和有香味的下层灌木组合而成，乔木的密度是每公顷 50 棵至 300 棵，灌木包括薰衣草、柑橘类、荆豆和金雀花等。这种系统通常出现在一座地中海花园里而非野生环境。欧洲栓皮栎的天然群丛拥有宽阔的树冠，提供了遮挡夏季正午烈日的阴凉，并用于牲畜放牧。它们还支持多种生态系统，是许多物种喜爱的生境，包括易危物种西班牙帝雕和最濒危的野生猫科动物伊比利亚猞猁。

虽然软木有这么多优点，但葡萄酒生产商正在寻找塞住酒瓶的其他方法和材料。所以我们应该继续使用软木吗？答案显然是肯定的，因为只要这种可持续和可再生的资源存在需求，就总是存在对这些天然农林生境的需求。如果这种需求消失了，那么这些树以及它们支持的所有东西都会一起消失。软木和环保通过这种方式携手并进。

欧洲栓皮栎

板球棒柳

Cricket bat willow

从体形微小的北极柳到包括著名的垂柳（*Salix babylonica*，英文名 weeping willow）在内的大树，今有超过 300 个柳树类物种自然生长在全世界的许多地方。柳树的生长速度通常很快，数千年来，它们那柔韧、有弹性的枝条一直用于编织篮子、栅栏、捕鱼陷阱，以及小圆舟和独木舟的框架。近些年来，它们开始作为生物燃料的可再生和可持续来源得到种植，而且木材用于制造木炭和纸。但是有一种柳树的木材拥有一项非常特别的用途，并因此具有国际性的影响力。

尽管对于缺乏经验的人，板球的规则是最复杂的，但是简而言之，这种运动可以总结为一句简短的话。投球手在球场的一端将球扔给球场另一端的击球手，后者手持板球棒，将球打得足够远，可以从球场一端飞到另一端。木质板球棒呈片状，底部有一个圆柱形的把手；板球棒的总长度不超过 96.5 厘米，片状部分的宽度不超过 108 毫米。板球棒的质量没有具体规定，但通常在 1.1 千克至 1.4 千克之间。目前看来，最受欢迎的板球棒木材是板球棒柳（*Salix alba* var. *caerulea*）的，因此它在英文中叫"板球棒柳"，不过有时也叫"蓝柳"（blue willow）。

这种柳树被认为是白柳（*Salix alba*，英文名 white willow）和爆竹柳（*Salix fragilis*，英文名 crack willow）的一个杂交种，但它最有可能是白柳的一个变种，白柳之名来自狭长叶片的银白色外观。板球棒柳是一种壮观的树，可以长到 30 米高，树冠呈金字塔形，形态比真正的白柳更直立，并自然生长在英格兰东部各郡的河道旁和地下水位较高的草地上。如今，它还作为一种特殊

板球棒柳的木材……，非常强韧结实，而且不容易开裂，在高速击打运动中的实心球时，这种品质绝对是不可或缺的。

对页图：板球棒柳是一种壮观的树，可以长到 30 米高，树冠呈金字塔形。为了制造板球棒，这种树得到人们的栽培，但它们也自然生长在英格兰东部各郡的河道旁和地下水位较高的地方。

板球棒柳

的材用树种受到栽培，专门用于生产板球棒。在湿润但排水良好的肥沃土壤中，一棵树可以在 15 到 20 年内长到适合收获的大小。这些树的大部分种植者会将仍然矗立着的树卖给专业公司，由后者进行砍伐和采掘工作，以防树干开裂或受损。世界上这类公司中最大和最为悠久的是成立于 1894 年的 J.S. 莱特父子公司（J. S. Wright & Sons），它是杰西·塞缪尔·莱特（Jessie Samuel Wright）在见到一个名叫蒙塔古·奥德（Montague Odd）的男人之后创立的，后者当时正在当地寻找柳树。奥德为伟大的板球运动员 W.G. 格雷斯（W. G. Grace）制作板球棒，价格是每支 1 金币，而他的父亲阿莫斯·奥德（Amos Odd）曾将当时使用的非标准形状的板球棒完善成如今国际板球运动常用的样子，并申请了专利。

板球棒柳的木材密度低、质量轻，非常强韧结实，而且不容易开裂，在高速击打运动中的实心球时，这种品质绝对是不可或缺的。树苗在 11 月至次年 3 月种植，它们是生长了 4 年的柳枝，没有长根，是无病害且记录在册的优良成年株系平茬处理后生长出的萌蘖。将准备好的柳枝以垂直姿态插进土里戳好的洞，然后浇水压实。在这些柳树短暂的一生中，侧枝刚刚萌发就会被抹去，发育出来的任何分枝都会在木质化之前被修剪得干干净净，创口和树干平齐。这样做可以防止木材长瘤，有瘤的木材不适合制作板球棒。砍倒

　　　建筑和创造

Salix alba L.

Zwei und zwanzigste Classe. Zweite Ordnung.

SALIX alba.

Weiße Weide.

Mit lanzettförmigen zugespißten, sägezähnigen, auf beiden Seiten seidenartigen Blättern, an denen die untern Sägezähne drüsigt sind, und mit zweitheiligen Narben.

Diese gemeine und bekannte Art wächst an Wegen und Dörfern und andern Weideplätzen und blühet im May.

Sie erreicht eine beträchtliche Höhe in Baumgestalt, und hat eine rissige graue Rinde, die Zweige sind leicht zerbrechlich. Die Blätter stehen wechselsweise auf kurzen Stielen, sind lanzettförmig, lang zugespißt, sägezähnig; die Zähne drüsigt, auf der obern Fläche fein haarig, auf der untern weißfilzigt, mit Seidenhaaren besetzt. Die männlichen Kätzchen brechen mit den Blättern zugleich hervor, sind einen Zoll lang, cylindrisch dünn und schlank, und stehen auf filzigten Stielen, die mit Blättern besetzt sind. Die männlichen Blüthen enthalten gelbe eiförmige, auf der innern Seite haarige Schuppen, zween lange zusammenhängende Staubfäden mit gelben Staubbeuteln. Die weiblichen Kätzchen sind

之后，树干先切成段，再劈成片，然后干燥并生产出板球棒体。作为可持续再生项目的一部分，新的柳树苗会被种植，保证持续不断的供应。如今经过加工的木材片出口到印度和巴基斯坦，而且澳大利亚也种植了用于生产板球棒的板球棒柳。

在英国，自1924年以来，板球棒柳一直遭受着所谓"水纹病"的威胁，这种病害是一种名为柳欧文氏菌（*Erwinia salicis*）的细菌引起的，导致木材变色且强度减弱，很容易断裂，因为不适合制造板球棒。幸运的是，这种病害目前已经减少到了可控制的水平，保证了板球棒的持续供应，令全世界的选手和观众仍然能够欣赏皮革撞击在柳木上发出的声音，这种声响曾为约翰·贝杰曼（John Betjeman）、A.A.米尔恩（A. A. Milne）在内的许多诗人和作家提供灵感。

板球棒柳

Eychbaum.

CXXIX.

Quercus Robur L.

建筑和创造

夏栎

English oak

生长在北半球温带地区的栎树物种有大约 600 个，其中，两个物种的原生地遍布欧洲大部分地区，并延伸进入高加索地区：夏栎（*Quercus robur*，英文名 English、European 或 pedunculate oak）和无梗花栎（*Quercus petraea*，英文名 sessile oak）。这两个物种的外貌整体上相似，但是可以通过它们的名字反映出的关键植物学特征进行区分：夏栎拥有短叶柄和连接壳斗的长梗，即花梗（peduncles），所以英文名之一是 pedunculate oak（"有花梗的栎树"），而无梗花栎拥有长叶柄和直接着生在小枝上的无梗壳斗，因此中文名和英文名的意思都是"花无梗的栎树"。夏栎是一种标志性的树，无论树龄大小，几乎每个人都能从标志性的圆裂片叶和熟悉的橡果认出它来。拉丁学名的种加词 *robur* 反映了这种树坚硬木材的强度和耐久性。

这两个栎树物种都是极为长寿、巨大的落叶乔木，可以长到 30 多米高，拥有宽阔的树冠。据估计，一共有大约 1.21 亿棵栎树生长在英国的林地中，而且它们是在开阔林地上生长的孤植树中最常见的物种，光是伦敦就有大约 100 万棵栎树。如果进行截顶（修剪分枝的一整套系统），这些栎树可以活大约 1000 年，但平均寿命大约为 250 年。一棵栎树在活到 400 年之后，活力就会开始下降，在衰老过程中，它的体形和高度都会开始变小，树形变得矮而宽，树干粗壮中空。英格兰尤其是大量"古栎树"的家园。据估计英格兰拥有至少 3300 棵土生土长的古栎树，比生长在所有其他欧洲国家的总数还多。

除了理想的生长条件之外，这些古树还因为许多历史原因在英格兰得到保存。11 世纪，征服者威廉（William the Conqueror）建立了一套森林法，创造出多个为猎物和野生动物保存栖息地的皇家森林，只有国王才能在皇家森

对页图：夏栎拥有人们熟悉的叶片和橡子，是天然分布于北半球温带地区的大约 600 个栎树物种之一。

林捕杀猎物，而贵族只能跟着国王追赶，要想打猎的贵族就只能去鹿园。这些森林保护区里的任何树都是禁止砍伐的，因此可以将它们视为一种早期自然保护区。后来的历史发展也有利于栎树在英格兰的保存，包括园林的私有化、来自海外的木材供应以及没有发生毁灭性战争。最后一点，现代林业的引入时间太晚，这些材用树已经变得老迈中空，因此毫无用处，没有了砍伐的价值。它们已经没法提供木材，但它们是重要生态系统的基础，为多种多样的动植物提供栖息地，支持超过 2000 个物种的真菌、苔藓植物（苔藓，地钱等）、地衣等植物，以及昆虫、鸟类等动物。栎树据说和超过 300 个专性野生物种密切相关，就是说这些生物只能在这种树上生活，这个数量超过英国的其他任何本土树种。

在近两个世纪里，
这种栎树的木材一直被制桶匠用来制作酿造苏格兰威士的木桶。

许多古老的栎树都有令人回味的或描述性的名字，仿佛拥有自己的个性。最大、最古老（约 900 岁），也是最著名的栎树是位于舍伍德森林的"大栎树"（Major Oak），围长达 10.7 米。据说罗宾汉和他的部下曾在它宽阔的树冠下躲避诺丁汉郡治安官的追捕，树冠宽达 28 米，如今由金属支柱支撑以防坍塌。在林肯郡伯恩附近一片农场的中央，矗立着"鲍索普栎树"（Bowthorpe Oak），它可能是最大的栎树之一，围长达 12.8 米。随着岁月的流逝，真菌导致的腐烂已经完全掏空了它的树干。早在 1768 年，它就被用作鸽舍，后来又成了一个户外用餐场所，装了一扇门和可容纳最多 20 名就餐者的座位，如今这些食客早已消失在世上。

由于木材的强韧和耐用性，栎树在房屋建筑、家具制造和前钢铁时代造船业的应用中帮助塑造了英国历史。1512 年，都铎王朝海军的克拉克帆船型战舰"玛丽玫瑰号"（Mary Rose）使用了来自大约 600 棵大栎树的木材建成；生长在地上时，这些树可以覆盖大约 16 公顷的林地。在 200 多年后的 1765 年，超过 5000 棵栎树为皇家海军舰艇"胜利号"（Victory）提供了木材，它是 1805 年特拉法尔加海战中大卫·纳尔逊（David Nelson）的旗舰。在建造地位尊崇的建筑时，栎树的木材也是主要材料：1393 年，超过 660 吨的橡木被用来建造伦敦威斯敏斯特大厅宏伟的悬臂托梁式屋顶。而在法国中部，伟大的彤塞森林（Forêt de Tronçais）仍然拥有 1670 年路易十四的（Louis XIV）

QUERCUS racemosa.   CHÊNE à grappes

P. Bessa pinx.   Gabriel sculp.

财务大臣让-巴普蒂斯特·科尔伯特（Jean-Baptiste Colbert）为将来的法国海军提供木材而下令种植的无梗花栎。

生活在栎树上的昆虫有许多种，其中体形微小的云石纹瘿蜂对人类文明有重大影响。正是这种昆虫的刺激导致叶芽上出现"栎树云石纹瘿"，一种球状畸形增生。这种瘿含有大量鞣酸，而鞣酸是使用历史长达 1800 多年的"鞣酸铁墨水"的主要原料之一。许多重要著作如《死海古卷》（*Dead Sea Scrolls*）和《大宪章》（*Magna Carta*）都是用这种墨水写成的，而且牛顿的力学理论和莫扎特的乐谱也都是用鞣酸铁墨水写下来的。

在近两个世纪里，这种栎树的木材一直被制桶匠用来制作酿造苏格兰威士忌的木桶，这种烈酒必须在橡木桶里熟成三年，才能算是真正的威士忌。木材的坚韧意味着桶板可以通过加热弯曲而不开裂，紧密的纹理可以防止液体渗漏，但又有足够多的孔隙，可以让氧气自由出入木桶，还能让木材中的油脂或香草醛进入酒体，影响威士忌的风味。出于类似的原因，橡木桶还在世界各地用于葡萄酒的醇化，为最终的产品赋予理想的风味和个性。

不幸的是，欧洲的栎树正在面临几种外来害虫的威胁，包括栎列队蛾。这种蛾子的毛毛虫可以让成年栎树落叶，削弱它们的活力，让它们容易被其他有害生物侵害。某些病害可以导致一棵成年树木在四五年内死亡，例如急性栎树衰退病，与啃食树皮的栎双点吉丁甲虫密切相关的一种细菌感染。如果我们允许我们的栎树屈服于这些威胁，那真是莫大的悲哀。它们的丧失会对我们的福祉、经济和环境造成严重影响，同样受到影响的还有这些树支持的所有物种。我们必须尽我们一切所能，阻止栎树健康水平的恶化，好让子孙后代能够继续欣赏这些宏伟的树木。

泡桐树

Foxglove tree

泡桐属（*Paulownia*）拥有非常特别的背景，它是19世纪德国杰出植物学家菲利普·弗朗茨·冯·西博尔德（Philipp Franz von Siebold）命名的，这个名字是为了纪念俄罗斯皇室女大公安娜·帕夫洛夫娜[注]而设的。泡桐属有7至10个物种，大部分原产中国中西部，2个物种原产中国台湾地区。罕见的台湾泡桐（*Paulownia kawakamii*）如今被划入极危物种，野生个体只有不到100棵。不过更常见的物种毛泡桐（*Paulownia tomentosa*）栽培于世界各地。和许多树一样，泡桐属树木也有几个反映其特征和相关历史故事的俗名。它们包括"皇后树"（empress tree）或"皇帝树"（emperor tree）、"青玉龙树"（sapphire dragon tree）、"公主树"（princess tree）和"洋地黄树"（foxglove tree）。

> **在种植于花园的所有观赏温带乔木中，泡桐树是独具特色的植物界奇特样本，尤其是在早春开花的时候。**

在种植于花园的所有观赏温带乔木中，泡桐树是独具特色的植物界奇特样本，尤其是在早春开花的时候。它拥有硕大的淡紫色至紫色花，花的形状像洋地黄，能形成高达40厘米的直立圆锥花序，因此而得名"洋地黄树"。在叶片萌发之前，花序先出现在树枝末端。膨大的棕色花蕾是上一个夏天产生的，所以气候温和的冬天过后，花总是开得更加令人难忘，因为花蕾容易被冻坏。

花期过后，毛泡桐会长出硕大、柔软的毡状卵圆形叶片，而且叶片表面覆盖柔毛，因此这种树的种加词是*tomentosa*，这个拉丁语单词的意思是"似羊毛的"或者"覆盖着毛的"。在花园里，园艺师常常利用这些大叶片：他们将这种树的主枝平茬至地面，刺激苗壮的萌蘖抽生出来，萌蘖枝条上的巨大叶

　建筑和创造

泡桐树

片如大餐盘，长可达 80 厘米。

如果任其生长成乔木，泡桐属物种可以长至 8 米到 12 米高，而且成年速度很快。在日本，这种生长迅速的树称为 kiri，而且它质量轻盈且纹理细腻的优质木材有一些特定的用途。高雅的贵族家庭曾经会在女婴诞生时种植一棵或者几棵泡桐树，等到它们长大成年，正好可以在她嫁人时砍倒，用来制作她的嫁妆盒子。在京都、奈良和大阪，按照习俗，新娘的父亲仍然会在女儿搬到夫家时送给她用泡桐木做成的嫁妆盒或和服梳妆台，用来存放她的高级丝绸服装。这种宝贵的白色木材通常还用于制作几种亚洲乐器，包括日本的十三弦古筝和朝鲜半岛的伽倻琴。泡桐在中国也有悠久的应用历史，而且和在日本一样，它在中国也与长寿有关。根据一个中国传说的讲述，凤凰在从南海飞向北海的途中只栖息在泡桐上，所以这种树常常被种在家宅附近以求带来好运。

花期过后结的大量圆柱形木质化果实含有数千粒轻盈、柔软的具翅种子。在热塑性塑料聚苯乙烯发明之前，这些种子被用作中国瓷器出口时的包装材料。装瓷器的箱子常常在转运过程中裂开，导致种子在主要运输路线沿途泄露出来并被风传播扩散，然后在当地萌发。这样产生的树会迅速生长，并在

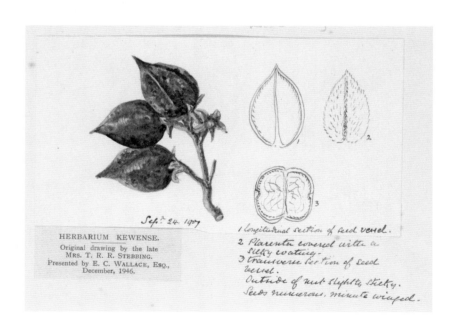

HERBARIUM KEWENSE.
Original drawing by the late
MRS. T. R. R. STEBBING.
Presented by E. C. WALLACE, ESQ.,
December, 1946.

1 longitudinal section of seed vessel.
2 Placenta covered with a silky coating.
3 transverse section of seed vessel.
Outside of nut slightly sticky.
Seeds numerous, minute winged.

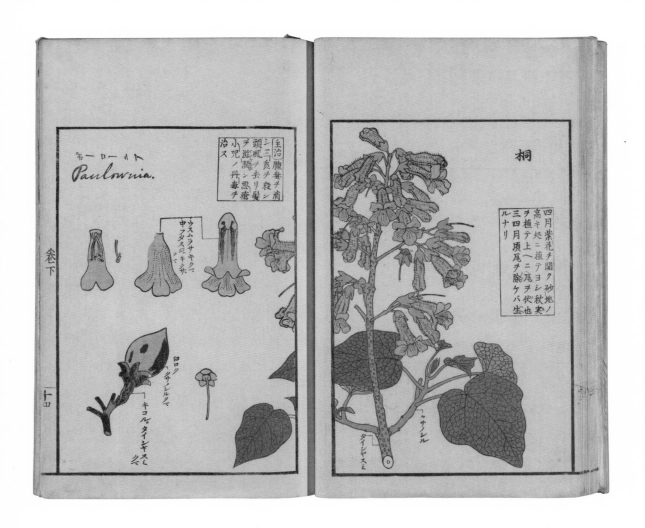

竞争中压过本土植被，造成外来物种入侵的问题。如今这些种子甚至在地面铺装和墙壁小裂缝里萌发，很快就用它们硕大的叶片抑制其他植物。在全世界许多气候适宜这种树生长的地方，尤其是日本和美国东部，泡桐都被列为入侵物种。

　　早在12世纪，泡桐纹章就先于菊花纹章成为日本皇室的私家象征。自1868年明治维新以来，这种纹章就被用作日本政府的徽章。直到今天，风格化的泡桐政府纹章仍被日本首相用在所有官方文件中。

[注] 安娜·帕夫洛夫娜（Anna Pavlovna），即沙皇保罗一世（Paul I）和皇后玛利亚·费多罗芙娜（Empress Maria Feodorovna）的第八个孩子。

泡桐树

Rotnuß.
Aßnuß

CCXXIIII.
Nuces Avellanæ rubræ
corylus Avellana 6

榛树

Hazel

════════════

在阴郁凄冷的冬末或早春，任何新鲜绿叶尚未重新出现之前，从不列颠群岛到高加索地区、土耳其和伊朗北部，整个欧洲以及西亚的落叶林地被舞动的浅黄色"绵羊尾巴"带来一抹生机，即榛树的雄性葇荑花序。欧榛（*Corylus avellana*，英文名 common hazel）是落叶大灌木或多干型小乔木，基生分枝从稍高于地面的地方长出。属名 *Corylus* 源自希腊语单词 korys，意为"头盔"，指的是包裹坚果的外壳；而种加词 *avellana* 来自位于意大利坎帕尼亚地区的小镇阿韦拉（Avella）。它是伟大的博物学家和分类学家卡尔·林奈从莱昂纳特·富克斯（Leonhart Fuchs）1542 年的著作《植物志评论》（*De historia stirpium*）中选择的，在这本书里，欧榛被描述为"阿韦拉的坚果"（*Avellana nux*）。

> **一根绿色的榛树枝是应对蝰蛇等毒蛇，以及世上一切爬行之物最为有效的一种防护。（《格林童话》）**

在为收获木头进行栽培时，榛树会在小块林地中被种植和管理。这些榛树以 5 到 10 年为一个周期进行轮流修剪，促进基部迅速萌发枝条。它们是满足多种传统用途的可再生原材料。枝条柔软，易于被传统木工工具劈开，从最早开始就被加工成房屋和栅栏所需的编织板条嵌板、茅草屋顶所需的桁、小圆舟的框架，以及加固田野绿篱所需的绿篱立桩和约束材料。较细的枝条末端捆成柴把，丢进窑炉里当燃料，而小枝被用作支撑豌豆和豆类的细棍，没有任何东西会被浪费。向上笔直生长的较小的粗树枝（通常长 1.25 米）作为杆子收获，用于制作拐杖。这或许呼应了中世纪葬礼上的一种做法，那时人们会将榛树、白蜡或柳树制成的拐杖或权杖放置在葬礼上，起到辟邪的作用。

来自雄性葇荑花序的花粉被风传播到榛树的雌花上，雌花呈鲜红色，但

对页图：卡尔·林奈为欧榛命名时选择的种加词 *avellana* 来自德国植物学家莱昂纳特·富克斯著于 1542 年的植物志，对页插图就来自这本著作。在插图的配文中，欧榛被描述为"意大利小镇阿韦拉的坚果"。

是很小，不显眼。得到的可食用榛子（hazelnuts 或 cobnuts）在夏末成熟。这些坚果呈圆形至椭圆形，是重要的商业作物，富含蛋白质、维生素 E 和不饱和脂肪。榛树有许多栽培类型，是为了它们的果实大小以及早熟或晚熟培育的。菲尔伯特榛子（Filbert nuts）比普通榛子更大，形状更细长，是另一个物种大果榛（*Corylus maxima*）的果实，它的英文名来自法国的圣菲利贝尔（St Philibert），这位圣徒的纪念日是 8 月 20 日，恰逢榛子收获高峰期。如今全球榛子商业产量最大的国家是土耳其，每年收获大约 60 万吨榛子，占全球总产量的 75%。它们被用来制作大量糖果制品，从榛子杏仁蛋白软糖到榛子巧克力酱。

另一个榛树变种加州榛（*Corylus cornuta* var. *californica*）原产美国太平洋西北地区，曾经是原住民的食物来源。欧榛被殖民者从法国和英格兰引进北美，如今它是俄勒冈州的一种重要作物，该州的商业榛子种植规模是整个美国的 99%。目前中国正在进行欧榛的种植试验。

榛树萌生林地拥有丰富的生物多样性，并且是多种动物和昆虫的重要食物来源。它还是几种鸟类和哺乳动物的重要栖息地，尤其是行踪难觅的夜行性榛睡鼠。顾名思义，榛子是榛睡鼠在冬眠之前增肥的主要食物，但是古代林地的持续丧失和传统管理措施的式微令这种哺乳动物的种群在过去 20 年里减少了 1/3。

和许多树一样，榛树也出现在神话传说和民间故事里。《格林童话》中的故事《榛树枝》（*The Hazel Branch*）写道，"一根绿色的榛树枝是应对蝰蛇等毒蛇，以及世上一切爬行之物最为有效的一种防护"。

榛树

纸桦

Paper birch

═══════════

纸桦（*Betula papyrifera*）在英文中又称"独木舟桦"（canoe birch）或"白桦"（white birch），自然生长在北美洲全日照的河流沿岸的湿润砂质土壤中，从大西洋海岸至太平洋海岸，从科罗拉多州、弗吉尼亚州至阿拉斯加州，都是它的分布范围。它在美国北部各州以及加拿大的所有省份和领地最为常见。作为真正的先锋树种，当森林被毁林开荒或遭遇火灾之后开始恢复生态时，纸桦是最早开始大量繁殖的木本植物之一，而且生长速度比其他桦树都快。在平常年份，其每英亩的种子产量大约为 100 万粒，而在丰年，这个数字可以上升到 3500 万粒。这些种子非常轻，能被风吹到遥远而开阔的新土地上，然后这种树就会在其他物种到来之前迅速萌芽并生长。

> **作为真正的先锋树种，当森林被毁林开荒或遭遇火灾之后开始恢复生态时，纸桦是最早开始大量繁殖的木本植物之一……。**

北半球各地生活着许多桦树类物种。它们全都是优雅的乔木，树冠秀气雅致，树叶在秋天变成深金黄色。在自然生境中，纸桦会长成大约 30 米高的中型落叶乔木，常常只有一根主干——除非年幼时曾被驼鹿啃食，因为新鲜的幼嫩枝条是这种动物的重要食物。在花园里，这种桦树常常长成多干式乔木，以充分展示它的主要特征，即漂亮的白色成年树皮。首次描述这种树的美国植物学家兼商人汉弗莱·马歇尔（Humphry Marshall）是美国博物学家约翰·巴特拉姆（John Bartram）的表兄弟，他写道，这种树拥有"非常光滑的白色树皮"。这个描述出现在他的按照字母表顺序排列的北美洲本土乔木和灌木名录《美洲树木》（*The American Grove*）中，该书 1785 年出版于费城，是最早在美国出版的图书之一。

纸桦的拉丁学名种加词 *papyrifera* 来自希腊语中意为"纸莎草纸"（papyrus

paper）的单词和拉丁语单词 ferre，意为"带有"或"携带"，所以其种加词翻译过来的意思是"带着纸的"。这个名字非常贴切地形容了雪白色的树皮，纸桦的树皮会在树开始成年时出现，并以纸状薄片的形态从树干上剥落，曾经的确被当作一种纸来使用。幼树的树皮呈红棕色，因此这种树的野外鉴别有些令人迷惑。极高的含油量意味着纸桦的树皮既防水又非常耐风化，纸桦倒下之后，其树皮存在的时间常常比木材本身更长。它是完美的引火材料，即便是湿的也能点燃。

因为纸桦的树皮如此耐久、柔韧且具有防水功能，它对美国和加拿大的原住民有着极为重要的价值，他们以多种方式对纸桦树皮加以利用。在位于五大湖上游地区的苏必略湖周边，那里的原住民阿尼士纳阿比人（Anishinaabe）会小心翼翼地将树皮从树上剥下以免损坏，然后将成块的桦树皮缝在一起，制成一种名为 wiigwaasi-makak 的桦树皮容器或盒子。用于缝合桦树皮的绳索称为 watap，是和纸桦生长在一起的针叶树的树根剥皮制成的。这种容器主要用于采集和储存食物，至今仍被当地人制造并售卖给游客。桦树皮还可以用作草皮屋顶的耐久防水层。许多原住民群体如缅因州的瓦巴巴基人（Wababaki）用它制造茅屋、日常器皿和可以在水系中穿梭自如的轻独木舟，它的另一个名字"独木舟桦"就是这样来的。

在阿拉斯加，原住民会在早春时节树叶尚未长出时，从森林里的纸桦树上戳孔收集树液，这种树液称为"桦树水"。它含有 1%~1.5% 的糖分，浓缩后可以制成和枫糖浆（主要来自枫树）类似的桦树糖浆。制作一升糖浆需要 100~150 升树液。

纸桦的木材是一种质量适中的白色木头，也有多种用途，包括制造家具、地板、冰球棍、牙签、饰面薄板和胶合板。传统上使用纸桦木材制造的其他物品是长矛、弓、箭、雪鞋和雪橇，以及许多其他器皿和物品。此外，干燥的木头如果经过适当的处理，可以是品质优良的高产木柴。这种宝贵的树还

上和对页图：纸桦的种加词 *papyrifera* 译意是"带着纸的"，而且独特的白色剥落状树皮的确可以作为纸张使用，例如对页的这本书。它还可以用于制作桦树皮容器、茅屋、多种器皿，甚至轻盈的独木舟。

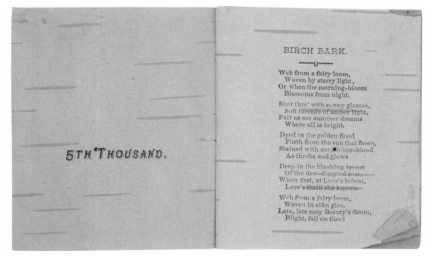

有许多传统医药用途，例如治疗痛风、感冒和咳嗽、肺病，甚至还有风湿病。而且它是一种有效的泻药，被认为有助于缓解烧伤和愈合创口，如今人们正在研究它在治疗癌症方面的潜力。

巨云杉

Sitka spruce

═══════

在 1827 年的斯特卡岛，德国植物学家和博物学家卡尔·海因里希·默滕斯（Karl Heinrich Mertens）采集了一种树的标本。默滕斯自己的名字反映在长果铁杉（mountain hemlock）的学名中，这种树的标本他也采集了，但巨云杉（*Picea sitchensis*）是以斯特卡岛的名字命名的，如今被视为最重要的材用树之一。实际上巨云杉首次得到植物学界的描述是 1792 年在华盛顿州普吉特海湾的岸边被阿奇博尔德·孟席斯（Archibald Menzies）描述的。后来它以 *Pinus menziesii* 的名字引进不列颠群岛并进行栽培，使用的是 1831 年植物猎手大卫·道格拉斯（David Douglas）在他第三次，也即最后一次北美探险中采集的种子。后来，巨云杉在 1832 年被奥古斯特·海因里希·冯·邦加德（August Gustav Heinrich von Bongard）和伊利-阿贝尔·卡里埃（Élie-Abel Carrière）重新命名为现在的称谓。

树根被……原住民采集并编织成防水的篮子和帽子……，而树脂用来为独木舟堵缝，或者用作胶水。

巨云杉的自然分布范围极为宽广，沿着美国太平洋西北地区和加拿大从北向南绵延 2900 千米。最靠南的树生长在加利福尼亚州的门多西诺县，最北边的树生长在阿拉斯加州的威廉王子湾，而且巨云杉是阿拉斯加的州树。它生长的滨海沿岸带东西宽约 400 千米。巨云杉还是一种快要打破纪录的树，是世界第五大和第三高的针叶树，也是最大的云杉。它拥有高耸的圆锥形状和渐尖的树冠，笔直的树干高度可达稍微不到 100 米，基部直径可达 5 米。分枝优雅地向外舒展，长着坚硬扎人的蓝绿色针叶。红棕色球果悬挂在分枝下垂的末端。巨云杉通常生长在凉爽湿润的高地，许多其他乔木都无法在这样的地方存活或者生长良好。它们需要大量水分，无论是以降雨的形式，还

对页图：巨云杉可以长到 100 米高，这让它成为全世界第三高的针叶树。如今因其宝贵的木材，它常常排列成行地种在种植园里，但孤植树呈圆锥形，舒展的分枝生长在笔直的树干上。

J.Young del.

ABIES MENZIESII.

是以它们自然生境中的滨海浓雾的形式。

针叶的新鲜幼嫩尖端是维生素 C 的来源，并在冬季缺乏新鲜水果时，被当地原住民用来酿造治疗维生素 C 缺乏病的云杉啤酒。树根被西北海岸包括特林吉特人（Tlingit）和海达人（Haida）在内的原住民采集并编织成防水的篮子和帽子，并为绳索和渔网线提供材料，而树脂用来为独木舟堵缝，或者用作胶水。

巨云杉如今作为一种材用树广泛种植在欧洲西北部的种植园，尤其是英国、挪威、丹麦和冰岛。作为一种林业作物，这种树生长在严酷环境条件下和贫瘠浅层土壤中的能力是一项巨大的优势。另一项优势是很快的生长速度，意味着它可以在相对较短的时间制造大量有用的木材。巨云杉在长到 40 岁至 60 岁时就能达到最大限度的木材生产潜力，而栎树需要花费 150 年以上。

巨云杉木的优良品质体现在它相对于自身密度和质量的高强度和硬度。这种木材还拥有形状规则的纹理，而且没有节瘤，因此是良好的声导体，所以常用在乐器中，例如小提琴、吉他、竖琴和钢琴的共鸣板。琴弦振动的能量通过这种木材传递，产生美丽的共振。对于这种用途，最好使用树龄至少为 250 年的"老材"。强度和轻盈度兼具的特质还让巨云杉成为制造飞机的重要材料。莱特兄弟将它用在他们的飞机"飞行者号"（Flyer）上，而许多后来的飞机，包括英国制造的德·哈维兰蚊式轰炸机（de Havilland Mosquito），都将巨云杉木用在翼梁中。出于同样的原因，造船商认为它是制造桅杆和风帆游艇帆桅的最佳选择。这种木材还被用在建筑业，来自林场种植园的早期间伐材能够制造坚韧、光滑的纸，因为这种白色木材拥有较长的纤维素纤维。

曾经有一棵不同寻常的巨云杉生长在加拿大育空河两岸的海达瓜伊群岛上，它拥有金黄色的叶片，在阳光照耀下仿佛闪烁着金光，被称为 K'iid K'yaas，意为"古老的树"，又名"金色云杉"。它是海达人的圣树，但是在 1997 年针对伐木业的抗议中被非法砍伐。全世界最大的巨云杉如今生长在华盛顿州的西奥林匹克半岛（Western Olympic Peninsula），靠近"雨林巨人谷"中的奎诺尔特湖。

作为当之无愧的冠军，它的寿命据估计已经超过 1000 岁，高达 58.2 米，树干直径 5.8 米。形容它是一棵令人难忘的树已经算是低调的说法了，谁又知道最近种植在欧洲林场里的巨云杉在千年之后会是什么样子？

巨云杉

欧洲红豆杉

Yew

作为一种常常与黑暗、阴郁之事产生联系的树，欧洲红豆杉（*Taxus baccata*）是一种中型常绿乔木，天然分布于欧洲西部、中部和南部，并一直延伸到伊朗和高加索地区。关于该属的拉丁学名 *Taxus* 的起源，有很多种说法，但如今认为它可能来自古希腊语单词 toxon，意为"弓"。古罗马作家维吉尔和老普林尼都在自己的著作中提到过欧洲红豆杉木被用来制作弓和毒箭。种加词 *baccata* 是拉丁语，意为"拥有肉质浆果"，不过欧洲红豆杉的果实并不是真正的坚果，而是一粒种子，并被鲜红色假种皮包裹。其多汁、黏稠、有甜味的肉质结构是这种树唯一没有毒的部位，其他所有部分，包括种子和叶片在内，都因为含有名为紫杉素的生物碱而对人类和动物有毒。50 克至 100 克欧洲红豆杉树叶可以令一个成人丧命。

德鲁伊教士将欧洲红豆杉视为永恒生命的象征，并将这种树种在他们的神庙附近。

欧洲红豆杉是生长缓慢、令人尊崇的树，通常能活数个世纪之久，平均寿命约为 500 年。它们可以长到 20 米高，有巨大的树干和稠密、舒展的枝丫。古树常常独自伫立在教堂墓园中，和生长在自然林地环境中的树相比，它们可以长成大得多也更令人难忘的孤植树，因为它们拥有更多光照和发育空间。它们也被认为能存活得更加古老，一些树据估计已经有 2000 年甚至更久的历史，尽管这是一个被许多猜测和争议环绕的问题。由于它们的体形和极为古旧的外貌，其树龄可能被高估了，而且常常无法通过年轮定年的方法准确测量，因为欧洲红豆杉的树干会变得中空，丢失内部的心材。包括旧地图、版画和绘画在内，当地记录可以是很好的证据来源，提供某棵树生长在那个地方时的快照。

对页图：虽然欧洲红豆杉被划入针叶树，但它不结球果。种子包裹在红色的黏稠肉质结构中，称为假种皮。它是欧洲红豆杉树唯一无毒的部分。深绿色的针状叶和假种皮里面的种子都有毒。

在英国，两棵种在墓地的欧洲红豆杉是这个国家最古老的树。苏格兰珀斯郡的福廷格尔欧洲红豆杉（Fortingall Yew）约莫 2000 岁了，而威尔士波伊斯郡的戴夫诺格欧洲红豆杉（Defynnog Yew）被认为拥有 2500 年的历史——然而据称这两棵树都拥有长达 5000 年的历史，当然，这取决于人们相信哪些历史事实和叙述，但也使得欧洲红豆杉成了欧洲最古老的一种树。另一棵著名的欧洲红豆杉生长在萨里郡克劳赫斯特的圣乔治教堂的墓园里。如今它的围长达 10 米。而来自 17 世纪的历史数据表明，这个数字在 369 年里只增长了 65 厘米。它是如此庞大，以至于在 18 世纪，人们在它的基部安装了一扇铰链木门，打开门就能进入中空的内部。1820 年，当地村民发现树干里卡着一发炮弹，他们认为它自从英格兰内战期间就在那里了，或许可以追溯到 1643 年。

欧洲红豆杉、教堂和墓地之间的这种联系是非常古老的，也许可以追溯到前基督教时代，不过关于这个传统的众多解释却难以证实。在欧洲的众多

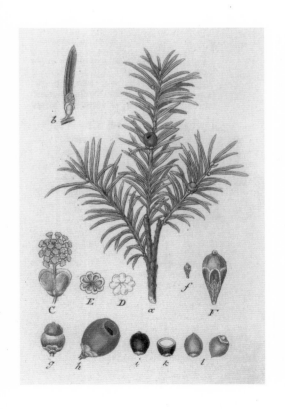

文化中，欧洲红豆杉都与葬礼或冥界有所联系。在古希腊神话中，它是掌管魔法、巫术和黑夜的女神赫卡特（Hecate）的圣树。北欧神话中的生命之树尤克特拉希尔（Yggdrasil），树根长在冥界，树枝长在天堂，通常被说成是一棵白蜡树，但有人认为它是一棵欧洲红豆杉。德鲁伊教士将欧洲红豆杉视为永恒生命的象征，并将这种树种在他们的神庙附近。虽然欧洲红豆杉有深暗、冰冷的一面，但它们也是光辉灿烂、四季常青的，而且很长寿，这增强了德鲁伊教的死亡和转世信仰。在 6 世纪，教皇格里高利一世（Gregory I）在指示圣奥古斯丁和他的传教士设法令信仰异教的英国改信基督教时，教堂就在附近有欧洲红豆杉的异教徒崇拜场所旁修建起来，希望鼓励异教徒走进温暖、明亮、通风的教堂。在威尔士彭布罗克郡内文村，修建于 6 世纪的圣布伦纳赫教堂（St Brynach's Church）的墓园中，一棵名为"流血的内文欧洲红豆杉"（Bleeding Nevern Yew）的古树被认为已有超过 700 年的历史。在任何关于它的

记忆中，它都会从树干上渗出血红色的树液。这种植物学上的奇特现象找不到解释，只能将其理解为这棵树为在十字架上受刑的耶稣流出同情的鲜血。

欧洲红豆杉的木材呈浓郁的橙棕色，是针叶树中最坚硬的（虽然种子不结在球果里，但欧洲红豆杉仍被归为针叶树）。我们的早期祖先显然很重视它，留存至今的最古老的这种木质的器物是 1911 年在英格兰东部埃塞克斯郡滨海克拉克顿发现的一个欧洲红豆杉木箭头，据估计拥有超过 40 万年的历史。而考古学家们在爱尔兰威克洛郡的格雷斯通斯发现了一组 6 个用欧洲红豆杉木精心制作的木管，按照从大到小的顺序依次排列，可以追溯到公元前 2000 年，是全世界保存至今的最古老的木质乐器。

欧洲红豆杉木还具有杰出的弹性和拉伸强度，令其非常适合制作英格兰和威尔士长弓。高 1.8 米的长弓是中世纪战争中最为有效的武器之一，尤其是在英格兰和法国的百年战争中的克雷西战役（1346 年）和最著名的阿金库尔战役（1415 年）里。典型的弓材使用心材和边材的天然层叠部位，产生射箭所需的力量和速度。红色的心材耐压迫，形成弓的里侧或"腹部"，而外侧的白色边材提供张力。在英格兰，随着长弓对欧洲红豆杉木的需求大大增加，库存被消耗殆尽。弓材出现了严重短缺，直到爱德华四世在 1472 年颁布《威斯敏斯特条例》（*Statute of Westminster*），要求每一艘抵达英格兰港口的船为每吨货物支付 4 根弓材的关税。1982 年，人们从亨利八世（Henry VIII）时代的海军舰船"玛丽玫瑰号"上打捞出 130 把状况极好的长弓，这艘船在 1545 年沉没于朴次茅斯附近的索伦特海峡。这些弓的拉力为 45 至 84 千克（约 100 磅至 185 磅），使用这样的欧洲红豆杉长弓，训练有素的弓箭手每分钟可以射出 10 到 12 支箭。这个力度是如此之大，以至于射出去的箭可以令 365 米之外的敌人受伤，致死距离是 180 米，并穿透 90 米之外的盔甲。很多人相信教堂墓园里的欧洲红豆杉种在那里是为了提供制造长弓的木材，但是它们要长到所需的最小尺寸也得花上 100 年，而且种在教堂墓园里的树的数量不足以提供所需的木材。实际上，用于制弓的欧洲红豆杉木是从欧洲大陆海拔更高的山区进口的，因为这种木头拥有更紧密的纹理，更适合制造长弓，因此更受青睐。

欧洲红豆杉一直是一种重要的药物原料。最重要的是，在 1967 年，北卡罗来纳州三角科研园的研究员门罗·沃尔（Monroe Wall）和曼苏赫·瓦尼（Mansukh Wani）发现，短叶红豆杉（*Taxus brevifolia*，英文名 Pacific yew）树皮中的某些化合物有抗癌功效。不幸的是，从这种树的树枝上剥下树皮的过程会将它杀死，而短叶红豆杉的野外种群正在遭受严重威胁。很显然，这些化合物需要找到其他可持续的来源，幸运的是，人们后来发现这种药可以用欧洲红豆杉修剪下来的叶片碎渣合成，而这种树作为规则式绿篱植物和树木造型植物广泛栽培于景观和花园中。如今这种名为紫杉醇（Paclitaxel，源自 taxol）的药物已经成功应用在治疗多种癌症的化学疗法中。欧洲红豆杉的无数故事、迷思以及传说中的和实际上的功效，无不为这种树增添了神秘与传奇的色彩。

欧洲栗

Sweet chestnut

———

欧洲栗（*Castanea sativa*）是一种慷慨的树，常常制造大量果实。欧洲有一种能使人联想起寒冬腊日的悠久传统——人们会将带着硬壳的欧洲栗果实放在明火或火盆上炙烤，烤栗子散发的阵阵香味令人十分难忘。这些坚果还可以做成糖渍小吃，即著名的"糖渍栗子"（marrons glacés）。欧洲栗又称"西班牙栗"（Spanish chestnut）或"marron"（栗子的法语名称），不要将它与没有亲缘关系的欧洲七叶树（*Aesculus hippocastanum*，英文名 horse chestnut）弄混。

有一种常见的说法认为，植物学属名 *Castanea* 来自希腊色萨利地区的城镇卡斯塔尼亚，人们在那里种植了大量欧洲栗以收获它们可食用的果实，然而这个说法很可能颠倒了因果关系。种加词 *sativa* 是拉丁文植物学形容词，意为"栽培的"，用于描述作为作物栽培的驯化植物。

当欧洲栗自然生长在它们喜欢的气候和土壤中时，它们会是寿命很长的树，可以活 2000 年之久。

原产巴尔干半岛至伊朗北部，如今广泛生长在欧洲南部、中部和西部并延伸进入北非，欧洲栗能够长成高达 35 米的耐旱大乔木，其特征可谓十分鲜明。这种树常常拥有巨大宽阔的树干，围长可达 9 米，树皮有螺旋上升的深裂缝。树叶长而尖，边缘有锯齿，相对而言相当不起眼的黄花开在穗状花序中。然而果实非常特别，包裹在一层绿色多刺的外壳（称为"芒刺"）里，防止它们成熟前被食草动物吃掉。果实成熟后，外壳自然开裂，露出里面有光泽的红棕色坚果——2 至 3 枚，有时 4 枚。

在欧洲南部，脂肪和热量含量较低的栗子是一种受到高度重视的食物，并按照传统磨粉食用。古罗马军团部分依赖栗子粥提供的能量行军。人们培育出了许多品种并为其命名，例如"里昂栗子"（Marron de Lyon）、"马里古勒"

对页图：在 18 世纪和 19 世纪，欧洲栗是豪宅园地和大型花园中很受欢迎的观赏树，包括英国皇家植物园邱园。在邱园的树木园里，一些最古老的树就是欧洲栗。

对页图："百马栗树"生长在西西里埃特纳火山的山坡上，是已知最古老的最庞大的欧洲栗个体。据说曾有一百名骑士在它的树枝下躲避暴风雨，因此得名。

下图：欧洲栗的叶片长而尖，边缘有锯齿，黄花开在穗状花序中。可食用的红棕色坚果包裹在带刺的外壳（"刺苞"）中，让它们在未成熟前不被食草动物吃掉。

（Marigoule）和"贝蒂扎克开胃小点"（Bouche de Bétizac），它们如今栽培在进行商业化生产的果园里。栗子仍然很受欢迎，法国南部城镇科洛布里耶尔以一年一度的栗子节闻名，届时这种坚果会被制成各种精致美食。

当欧洲栗自然生长在它们喜欢的气候和土壤中时，它们会是寿命很长的树，可以活 2000 年之久。已知最古老和最庞大的个体名为"百马栗树"（Hundred-Horse Chestnu），生长在欧洲最高的火山、位于西西里岛的埃特纳火山（Mount Etna）的东侧山坡。它的确切树龄已不可知，因为在 1780 年测量出它的围长是 57.9 米之后，其树干被劈成了各自独立且庞大的三部分；不过有人说它拥有 2000 到 4000 年历史。"百马栗树"这一名字来自一个传说：在一场猛烈的雷暴中，阿拉贡女王曾和她的百名骑士躲避在这棵树下。

除了美味的坚果，欧洲栗还因其木材受到高度重视。树种植在林地里，每 12 到 30 年进行一次平茬，可持续地收获木材。欧洲栗木材中所含有的鞣酸类物质意味着它在与土壤长期接触时仍能持久耐用，因此，这种树的木材能很好地适用于户外。其特质还包括较浅的色泽、坚硬度、结实度，以及易用楔子劈开的特质，这使得它非常适合制作成栅栏的立柱和横杆。它还可以用作建筑的覆盖层，在法国部分地区，教堂的尖顶就常常覆盖着栗木瓦。在南欧，制桶匠则喜欢用欧洲栗的木材来制造酿造香醋所用的木桶。

栗属（Castanea）有许多其他物种，包括美洲栗（Castanea dentata，英文名 American chestnut tree），它曾经是美国东部森林的主要构成物种。从前，美洲栗在阿巴拉契亚地区是十分重要的树种，其果实被人们采集食用，木材和来自树皮的鞣酸类物质也会得到充分利用。20 世纪初，人们在美国纽约州发现了一种起源于东亚、名为板栗疫病（chestnut blight）的真菌病害，它由板栗疫病菌（Cryphonectria parasitica）引发。四五十年内，它已经在南至佐治亚

州北至缅因州的整个美洲栗自然分布区扩散开来，据估计毁灭了 40 亿棵美洲栗。这种病害如今已经在欧洲蔓延开来，而且和美洲栗一样，欧洲栗也容易感染它。幸运的是，日本栗（*Castanea crenata*，英文名 Japanese chestnut）和栗（*C. mollissima*，英文名 Chinese chestnut）对这种疫病的抵抗力更强，而且这两种栗树也能结出可食用的坚果。它们有时会被人栽种并作为漂亮的行道树，不过在这方面它们有一项劣势，如果赤脚踩到多刺的果实，会非常疼。

上图：油橄榄

欢宴和庆典

自古以来，人类一直在筵席和庆典中享受着树木的慷慨馈赠。从石榴（pomegranate）珠玉般的果实、意大利伞松球果中的松子、西谷椰子的茎干到锡兰肉桂（cinnamon）芳香的树皮，在发现、改良、培育和收获农作物方面，人类一直都很有创造性。如今，许多这样的农业收获已经从人们的主食升级为奢侈的享受，并牢牢根植于众多民族的文化习俗和遗产中。

关于我们如何发现各种树木馈赠的故事构成了植物历史、神话和传统的引人入胜的宝库。我们对某些食物（例如可可和油橄榄）的热爱可以追溯到数千年前，而这些树木与特定的文明紧密相关。我们对香料肉豆蔻和肉豆蔻衣（mace）等其他食物的欲望改变了成千上万人的命运和生活，而且它们如此受重视，以至于获取它们的过程涉及无畏的探险、建立新的贸易路线，甚至是战争、奴隶制和死亡。

当然，树木提供果实、坚果或树皮不只是为了满足我们的需要和欲望，这些东西对于树木本身都是有意义的。果实纯粹作为一种从母树上传播种子以创造下一代的方法而存在，并采取漂亮包装的形态，诱使动物食用和储存它们，从而帮助种子传播到远离母树的地方，而这一点原本是做不到的。除了鸟类之外，蝙蝠、负鼠、啮齿类动物、猴子和其他哺乳动物都是出色的传播者，它们吃掉果实和种子，然后将它们和促进萌发生长的天然肥料一起传播到别的地方。

我们已经成为果实的终极消费者，同时人类还是熟练的务农者，通过自己的方式传播物种。种植树木作物满足了我们对其果实和种子的巨大需求。据悉，目前世界上有超过 80 个国家种植了椰子，但在野外已经找不到天然的椰子了。作为原产于中国的物种，柿树因其鲜美的果实传播至朝鲜半岛、日本、美国和欧洲等地。另一方面，少数物种抵挡住了人类的驯化，巴西栗就是其中最为突出的例子。它的授粉生态系统是如此复杂，并且和它生存的自然环境有着极为密切的联系，以至于在其赖以生存的雨林之外种植的作物都无法结出果实。

树木为我们的饮食增添了丰富的营养、可口的原料和独特的风味，如果没有它们，我们的生活将会变得贫乏和逊色得多。

巴西栗

Brazil nut

================

巴西是地球上生物多样性最丰富的国家之一。它是 4.6 万个植物和真菌物种的家园，其中 19500 个是特有物种，有包括巴西栗（*Bertholletia excelsa*）在内的极为多样的兰花、棕榈类、硬材树木和作物。这种高大的乔木是亚马孙雨林中最高的树种，可以长到 50 米至 60 米高，而且并非像它的名字所暗示的那样只分布在巴西，而是在玻利维亚、秘鲁、委内瑞拉、哥伦比亚亚马孙地区以及圭亚纳也有分布。虽然这个物种拥有精美的木材，但巴西栗的种子才是它最珍贵的，而且是收获后出口的产品。富含蛋白质、碳水化合物和脂肪，并且是矿物质的良好来源，它们在全球的需求量很大。巴西栗是亚马孙地区最有价值的非材用木本作物，并且仍然是从野外采集的，为当地人提供宝贵的收入来源。我们食用的大部分巴西栗实际上来自玻利维亚，而不是巴西。

关于巴西栗的最不同寻常的一件事情是它对驯化的拒斥。这些树无法在人工种植园里成功栽培，必须从野外采集坚果。

我们所熟悉的棱角形的栗子，即巴西栗的坚果种子就长在沉甸甸的木质化圆形蒴果中，每个蒴果重达 2 千克，会在树上生长、发育一年多的时间，一旦成熟就会以极大的速度坠落到地上。每个蒴果中含有 12 粒至 25 粒栗子，它们紧密地堆叠在蒴果内部。巴西栗种子的主要传播者是名为刺豚鼠的大型森林啮齿类动物，它们有着十足的耐力以及足够锋利的牙齿，可以咬穿果实坚硬的外壳，吃到里面营养丰富的栗子。刺豚鼠有着吃掉部分种子、再将剩余种子埋藏起来的习性；然而，它们有时会忘记种子埋藏在什么地方了，从而帮助了这些树进行繁殖。如果被埋在拥有足够光照的地方，种子最终会在森林里的空隙中萌发、茁壮。

对页图：巴西栗树只能在它们的天然雨林生境得到好的收成，它们成功授粉所需的复杂生态关系只存在于那里。

对页图和下图：棱角形的巴西栗坚果紧密堆叠在沉甸甸的大型球状果实中，果实成熟后落到森林地面上。只有刺豚鼠拥有足够尖锐的牙齿，可以在果实上咬出洞，吃到里面的坚果。

关于巴西栗的最不同寻常的一件事情是它对驯化的拒斥。这些树无法在人工种植园里成功栽培，必须从野外采集坚果。这和这种树奇妙而复杂的授粉故事脱不开关系。巴西的每一个生物群落区都有复杂的生态，许多物种已经进化得彼此依赖。当这些关系受到威胁时，物种就会变得脆弱。经过多年研究，英国皇家植物园邱园前园长、雨林生态学权威专家吉里恩·普兰斯爵士（Sir Ghillean Prance）意识到，亚马孙雨林中的巴西栗收成依赖周围动植物网络的健康程度。这种树本身几乎完全依赖体形较大的兰花蜂在清晨为它健壮的奶油白色花授粉。雌蜂只会和已经成功地从附近不同兰花物种搜集到各种香味蜡质的雄蜂交配，包括瓦氏盔兰（Coryanthes vasquezii）。如果兰花在伐木或者其他人类活动中被清除，这种蜂也会消失；那么巴西栗的花就不会被授粉，无法结出种子。

因为巴西栗树如此依赖从蜂类到刺豚鼠的自然网络为之授粉，所以它很难栽培，其坚果也很难可持续地从野外收获。许多科学论文表明，巴西栗在其自然分布范围没有正常地再生，因为太多果实被采摘让老树未能被数量足够多的幼树天然更替，无法确保将来的稳定收成。国际自然保护联盟（IUCN）将巴西栗划为易危物种。它的自然生境亚马孙流域是生物多样性的储集地，并且拥有许多其他具有重要经济价值的树木例如可可和橡胶树，以及具有巨大经济潜力和药用价值的物种。

BERTHOLLETIA excelsa.

De l'imprimerie de Langlois

巴西栗

可可

Cacao

════════

每个巧克力爱好者都应该深深感激这种非常低调的热带乔木物种，可可（*Theobroma cacao*），同样应该感谢首次发现它神奇之处的古人。制造巧克力所需的可可树曾被中美洲的玛雅人和阿兹特克人熟练地种植，但最近的研究显示，可可最早被人类食用可以追溯至 5000 多年前更为古老的厄瓜多尔部族。专家对马由-钦奇佩文化（Mayo Chinchipe culture）遗址的陶器进行了研究，表明可可在那里被食用过，而且很可能是以饮料的形式。如今人们认为，可可树是在数百年的可可豆贸易中向北扩散并进入中美洲，从而逐渐流行起来的。

这种植物的玛雅语名是 kakaw 或 kakawa，现在已经演变成了 *cacao*，如今这既是它的学名种加词，也是它的英文名。18 世纪，分类学家和巧克力爱好者卡尔·林奈为该属提供了属名 *Theobroma*，意为"众神的食物"。可可是锦葵科（Malvaceae）成员，与木槿和秋葵有亲缘关系。可可据信起源于亚马孙雨林，是一种可以长到 8 米高的小乔木。它需要热量气候，但也需要遮阴和高湿度，喜欢生长在雨林的林下层。因此作为一种作物，它必须栽种在更高的树木下面。如今，这些更高的树木包括令农民额外受益的其他作物，例如香蕉（banana）或橡胶树（rubber）。

可可全年从树干上直接开放出人意料的小且精致的粉色花，这种现象称为茎生花果（cauliflory）。花一旦被一种蠓虫授粉，硕大的种荚就开始发育。这些有肋纹的椭圆形黄色或红色果实（严格地说属于浆果）可以长到 25 厘米长，里面充满一种有甜味的白色果肉，其中含有 30 粒至 40 粒种子，也就是"咖啡豆"。在收成好的年份，一棵健康的树可以结出大约 30 个这样的种荚。

关于如何在森林中种植可可，以及如何发酵、烘焙、干燥和研磨可可豆

　欢宴和庆典

Cacaos, Cacavifera,
Chocolat Mandel.

可可

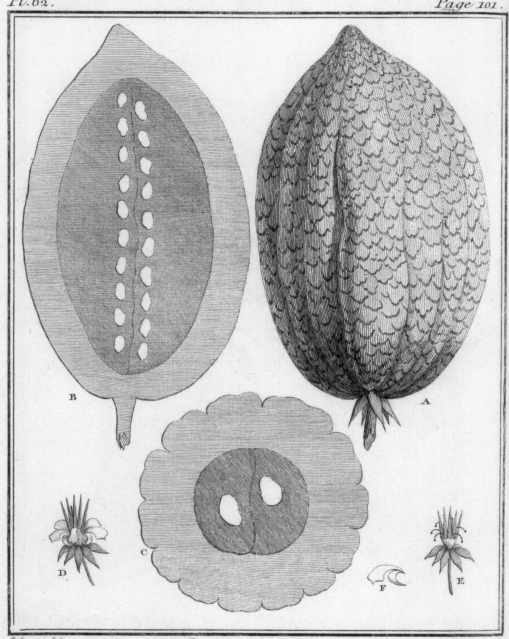

P. Sonnerat del.   *theuse Martinet Sc.*

Differentes Coupes du Cacao.

A. *Le Cacao.* B. *Coupe perpendiculaire du Fruit.* C. *Coupe horizontale du Fruit.*
D. *la Fleur vüe à la Loupe.* E. *Developpement de la Fleur vüe à la Loupe.*
F. *une des Petales vüe à la Loupe.*

以便将其制成一种糊状物，玛雅人有充分的实践。他们会将这种糊糊与热水混合起来，然后从高处的一个器皿倒入另一个器皿中，制造出一种泡沫饮料。后来，阿兹特克人也将可可树视作宝物，认为它是众神的恩赐，正如它现在的拉丁属名反映的那样。历史学家认为阿兹特克人更喜欢将这种饮料做成冷饮，而且用贵重的工具制作它，据说还用金杯饮用它。这是一种真正特别的饮料，只供玛雅人的社会精英和武士饮用。平民、女人和儿童甚至不允许品尝它的味道。可可豆非常宝贵且备受珍视：它们被广泛交易，甚至用作一种货币。可可还被用作贡品和祭品。据记录，1502 年至 1520 年在位的蒙特祖玛二世（Moctezuma II），即特诺奇蒂特兰城（今墨西哥城）的统治者，就喜欢饮用多种口味的可可泡沫饮料。当时的人们将其称为 cachuatl。蒙特祖玛二世似乎对这种巧克力饮品有点上瘾，香荚兰、辣椒、香料、蜂蜜和香草或鲜花都可用来为它调味。

黑巧克力和纯可可
一直被认为是美味和令人向往的食物，
如今人们知道它们拥有真正的健康益处。
可可含有酚类和黄酮类，
这些化学物质有抗氧化功效，
被认为可以抑制癌症和心血管疾病。

1544 年前后被西班牙征服者带回欧洲之后，可可很快就成了西班牙宫廷的一种新潮饮品。然后在 16 世纪，它被引入整个欧洲，最开始是被用作帮助消化、安定肠胃的药水。"巧克力"（chocolate）这个名字就是在这段时期出现的，就像玛雅人曾经做的那样，人们再次将之与热水混合制成饮品，而这种饮品越来越受欢迎。它深受生活在凡尔赛宫的法国皇室的青睐，据说路易十五（Louis XV）就有自己的独家配方。17 世纪，像今天的咖啡馆一样的巧克力馆在牛津和剑桥遍地开花。根据塞缪尔·皮普斯（Samuel Pepys）在 17 世纪 60 年代的记录，他经常在早上享用一杯巧克力饮品。

在我们和巧克力的浪漫纠缠中，另一个重要事件发生在汉斯·斯隆爵士（Sir Hans Sloane）造访牙买加之后，他对中美洲人饮用巧克力的方式不以为然，认为它"只适合猪猡"。然后他设计了一个使用热牛奶和糖的配方，让它立刻变得甜美适口起来。在 18 世纪，巧克力研磨和制作开始成为一项遍及欧洲的产业，而到了 1828 年，荷兰人昆拉德·范·豪滕（Coenraad van Houten）发明了一种生产可可粉的流程，并促进了固体巧克力的诞生。到 1842 年时，英国的凯德伯里（Cadbury）兄弟已经进入巧克力行业，出售使用可可脂和磨碎

对页图：可可的种荚和它们含有的可可豆曾经如此重要和令人向往，以至于曾经用作货币。

的可可豆制成的巧克力粉末和固体，但它仍然是一种奢侈品，直到进口附加税在 19 世纪中期解除。瑞士巧克力制造商还开始制造新奇的巧克力糖果，需求和产量都大幅增长。

黑巧克力和纯可可一直被认为是美味和令人向往的食物，如今人们知道它们拥有真正的健康益处。可可含有酚类和黄酮类物质，这些化学物质有抗氧化功效，被认为可以抑制癌症和心血管疾病。可可还含有可可碱和咖啡因等生物碱。正是这些物质可以增强大脑灵敏度并有成瘾效果。

如今，巧克力以多种多样的形态在世界各地被人们享用，而且通常以可承受的价格出售。可可豆的产量如今高达每年 4 亿吨，而且据预测需求将很快超过供应。虽然原产美洲热带，但如今大部分可可种植在非洲西部，科特迪瓦和加纳是可可豆产量最大的国家。对于全球热带地区的 500 万至 600 万小农生产者，它是一种极为重要的作物。

但是，备受我们青睐的巧克力作物的安全性可能受到威胁。不幸的是，可可的遗传变异有限，而且似乎对病虫害几乎没有天然抵抗力。种植园被各种问题困扰，包括美洲的真菌感染，如黑斑病、丛枝病、非洲的可可肿枝病，以及东南亚的可可果蛀蛾。在惯于种植可可的地区，再加上气候变化、贫穷以及依赖可可谋生的大量人口，风险变得非常高。然而，许多科学家正在齐心协力地寻找拯救可可树的解决方案。2010 年，珍贵的古玛雅品种'克里奥尔'（'Criollo'）的 DNA 得到全面测序，让研究人员能够发现令这种植物抵御病害的基因，从而帮助培育出抗性更强的树。在自然栖息地就地保护可可的野生近亲也能提供有价值的基因，保卫我们最喜爱的甜点的未来，这是支持雨林保护的又一个非常好的理由。

可可

欢宴和庆典

锡兰肉桂

Cinnamon

西方的香料肉桂有着温暖细腻的香气，暗示了它自然生长地的气候，因为这种香料来自热带树木锡兰肉桂[注]（*Cinnamomum verum*）。虽然如今它栽培在世界上的许多热带地区，包括印度和孟加拉国，以及巴西和牙买加，但这种树其实原产斯里兰卡。我们使用的大部分真肉桂仍然来自这座岛屿，并被鉴赏家认为拥有最好的风味。

……克利奥帕特拉曾将肉桂与黄金、白银、翡翠和珍珠一起列入最珍贵的皇家财宝，用作进入自己陵墓的陪葬品。

如果任其自然生长，锡兰肉桂可以长到 7 米至 10 米高，但是在栽培中，它会被修剪和平茬，以便保持 3 米左右的高度，让它更容易收获。它是一个常绿物种，有光泽的树叶（嫩叶呈红色）的表面布满明显的脉纹，揉碎后散发一股辛辣气味，但是用于制造香料的部位是幼嫩的绿橙相间树枝的内树皮。先将外树皮刮掉，然后将内树皮剥下来洗净晾干。在干燥过程中，它们会卷曲成管状，然后切割成常见的鹅毛笔长度。这种香料还以粉末的形式出售，树叶和树皮还可以蒸馏出一种油。

樟属（*Cinnamomum*）有 200 多个物种，其中的许多都可以用来制造肉桂，但锡兰肉桂这个物种被认为是风味最微妙的。它作为斯里兰卡出口商品的历史已经有数百年之久了，这一点体现在它此前的学名 *C. zeylanicum* 上，前称种加词的意思是"来自锡兰"，而它现在的学名意为"真正的肉桂"。它的一个近缘物种是中国的肉桂（*C. cassia*，英文名 Chinese cinnamon 或 cassia）。使用这个物种制造的香料拥有更长的历史，而且在古典时代，来自中国的肉桂沿着丝绸之路进行贸易。它的味道比真肉桂更浓烈，而且由于产量丰富，如今通常更便宜。直到现在，锡兰肉桂粉末也常常与肉桂混合，而许多带有

对页图：锡兰肉桂幼嫩树枝的薄薄的内树皮被剥下后晾干。在干燥过程中，它会自然卷曲成我们熟悉的管状。

"cinnamon"字样的烘焙食品实际上是用肉桂做的。

在人类贸易的数千年里，锡兰肉桂和肉桂被开发出了许多种利用方式。希罗多德和老普林尼等古典时代的作家常常提到 cinnamon 这个词，但很难确定实际上指的是这两个物种中的哪一个。它还和其他香料一起数次出现在《旧约》里，并且是古希腊人和古罗马人的最爱。根据古代作家普鲁塔克（Plutarch）的记录，埃及艳后克利奥帕特拉（Cleopatra）曾将肉桂与黄金、白银、翡翠和珍珠一起列入最珍贵的皇家财宝，用作进入自己陵墓的陪葬品。在古典时代，"肉桂"是一种价格高昂的物品，不是为食物调味的东西。它被用作祭祀熏香、催情药以及治疗各种疾病的药物，至今在某些地方仍作药用。它是古埃及人用来将死者尸体制成木乃伊时使用的一种材料。

这种香料的早期贸易被阿拉伯人垄断，但是到中世纪时，作为利润高昂的香料贸易的一部分，真肉桂通过君士坦丁堡和威尼斯的商人进口到欧洲。欧洲国家争先恐后地发现了这种以及其他高价香料的来源，于是打破了贸易垄断。15 世纪末，探索海上航线的葡萄牙探险家确定了肉桂的来源是斯里兰卡。荷兰东印度公司后来垄断了对这种香料的贸易。

如今，无论甜咸，从苹果派、酥皮糕点到咖喱、塔吉锅炖菜和墨西哥巧克力酱，我们仍然在许多菜肴和饮料中享受这种热带乔木树皮的风味。肉桂的特殊味道来自树皮中的一种挥发油，其中含有多种化合物。这些化合物中香味最浓的是肉桂醛，它还有抗菌效果，在冰箱发明之前的时代可能起到食物防腐剂的作用。研究表明，肉桂油的确有一定的抗微生物效果，而且有利于降低血糖、胆固醇和血压，但是目前还需要更多研究。樟属植物继续在传统中药中用于治疗多种疾患，从缓解恶心和消化问题，到减轻感冒发烧、腹泻和妇科疾病。

[注] 西方常用的肉桂来自锡兰肉桂这个物种，英文名 cinnamon；中国常用的肉桂来自肉桂这个物种，英文名 cassia。

欢宴和庆典

L'image de l'arbre qui produit la Canelle.

锡兰肉桂

Palmae
(Cocoineae)

Taf. II. Cocos nucifera L.

欢宴和庆典

椰子

Coconut

═══════

光是"椰子"这个词就能让人在脑海中浮现出热带岛屿的景象：在一片碧绿色的海水边缘，白色沙滩上棕榈摇曳。在大众想象中，椰子（*Cocos nucifera*）被视为热带地区无处不在的典型棕榈类植物，而且由于广泛的用途，即提供食物、饮料、药品、建筑材料、服装材料以及许多其他产品，它们被种植在热带的许多地方。因此，椰子在菲律宾被称为"生命之树"，并且在至少 80 个国家进行商业种植。

从科学上讲，椰子既不是真正的树，也不是坚果，而是一种棕榈类植物，属于棕榈科。

大多数植物学家认为椰子原产西南太平洋的某个地方，但因为椰子的纯野生种已经消失，加之椰子是地球上自然传播最为广泛的结果植物，所以人们无法弄清其确切起源地。13 世纪末，著名旅行家马可·波罗（Marco Polo）见到椰子，并十分准确地归纳了其特点："印度坚果也在这里生长，大小相当于一个男子的头，含有一种可食用的物质，味道甜美宜人，色白如牛奶。这种果肉的空腔里充满一种清澈如水的液体，它很凉爽，味道比葡萄酒或者任何种类的饮料都好而且更清淡可口。"18 世纪的许多水手和旅行家在他们的探险中逐渐学会了欣赏和依赖椰子。

从科学上讲，椰子既不是真正的树，也不是坚果，而是一种棕榈类植物，属于棕榈科（Arecaceae）。按照植物学的定义，棕榈是草本植物。它们的树状形态包括一根高大柔韧的纤维质茎干（可以长到约 25 米高）和茎干顶端长达 4 米的叶，叶片深裂为羽状。柔性茎干和浅根有利于这些树在海岸边的强风中生存。它们是用途极为广泛的植物，并且生长在其他棕榈和树木无法忍受的海滨高盐沙地中。至于我们熟悉的棕色"坚果"，其实是这种棕榈类植物的

对页图：椰子的棕色"坚果"是一颗大得多的果实的果核。里面的白色肉质和甜水是新植株发育所需的养料。

更大的果实（或称核果）的果核。将绿色纤维质外壳除去（并用作椰壳纤维）才能取出里面的椰子肉，但是在自然界中，外壳为种子起到至关重要的作用，因为在果实被潮汐冲进海里的时候，它提供浮力，帮助种子沿着海岸线传播很远的距离。一颗椰子可以在盐水中存活大约 2 个月，在这段时间，理论上它可以乘着洋流不可思议地旅行 5000 千米。只要它被冲上海岸并靠近淡水，种子就会萌发。

椰子内部是处于胚胎期的植株：白色的"果肉"其实上是种子的仁，并随着种子的成熟变硬，与此同时里面的液体会变得更甜。坚果的一端有三个很特别的"眼"，种子萌发出的芽就是从这些孔洞里伸出来的。种仁和液体都是嫩芽发育所需的养料。

清爽的椰子水在热带地区提供了一种安全有营养的饮品，而且据说富含电解质，但是过量饮用会有利尿效果，而且这种看上去安全无害的液体还可能让人摄入过量的钾。别把椰子水和椰奶弄混，作为许多配方的成分，椰奶是用磨碎的椰子果肉制成的。而椰子油是从干燥的椰子果肉里榨出来的。在

欢宴和庆典

西式烹饪中，椰子油也越来越受欢迎，并且是多种产品的配料，包括人造黄油、烘焙食品和糖果，以及化妆品如保湿霜和香皂。

令人惊讶的是，椰子还有药用价值。科学研究已经对它的活性分子进行了分析，并发现它们有许多益处，从保护肾脏、心脏和肝脏功能，到具有镇痛、消炎和杀菌作用。这种植物的纤维、叶片和椰奶几个部分在传统药物中用于治疗腹泻，而且椰子油也用于治疗皮肤问题、烧伤和其他创伤。新研究表明，椰子也许可以在全球各地成为低成本药物的来源，为这种用途多样的杰出植物又增添了一项用处。

椰子

肉豆蔻

Nutmeg

═══════

在 16 世纪和 17 世纪的欧洲，人们为了寻获这种芬芳香料的原产地，不惜在阴谋诡计、英勇无畏和兵戎相见中花费了许多岁月。在为控制其贸易而进行的战斗中，曾有成千上万的人丢掉性命，而它的价值一度超过同等质量的黄金。我们称为肉豆蔻（*Myristica fragrans*）的香料来自一种热带常绿乔木，它的学名意为"似没药的香味"。作为一种相对较大的乔木，肉豆蔻可以长到大约 20 米高，它的生长速度慢，但是连续开花，每年可结多达 2 万个果实。它原产印度尼西亚马鲁古省的班达群岛，茂盛地生长在这座岛屿数量不多而且很小的"香料群岛"（Spice Islands）的深厚且湿润的火山土中。一直到 19 世纪中期，这里都是全世界进行肉豆蔻商业种植和贸易的绝无仅有之地。

对于 15 世纪的欧洲人，肉豆蔻的来源完全是个谜……。关于它的确切起源，出现了许多离奇的传说。

肉豆蔻树的果实从它微小的黄色钟形花发育而来。雄花和雌花开在不同的树上（意味着这种树是雌雄异株的），所以两种性别的树必须种在一起才能授粉。授粉后结出的果实呈圆形，淡金色，外表像杏。芳香的肉质外果皮可食用，并且可以制成果酱，或者糖渍后作为糖果或甜点食用，但出产香料的是里面的果仁。成熟果实开裂，露出里面珍贵的卵圆形肉豆蔻。这颗坚硬的棕色"坚果"包裹着一层鲜红色的网眼状假种皮，我们用它制造肉豆蔻树出产的第二种香料，即肉豆蔻衣。将它剥下来干制，可以得到与肉豆蔻相似但味道更微妙的调味品。还可以从磨碎的肉豆蔻中蒸馏出一种精油，如今这种精油使用在食品、饮料、香水、化妆品以及一些药物如咳嗽药中。

对于 15 世纪的欧洲人，肉豆蔻的来源完全是个谜。作为一种贸易商品，

肉豆蔻

它已经出现了数个世纪，到 13 世纪末时，意大利探险家马可·波罗将肉豆蔻称为爪哇岛上的"非凡财富"之一。香料都是从威尼斯商人手中买到的，而他们又是从君士坦丁堡以及从神秘的东方一路延伸而来的一系列其他商人手中辗转买到的。关于它的确切起源，出现了许多离奇的传说。到 16 世纪时，肉豆蔻不但是非常珍贵的调味品，也是宝贵的药物和防腐剂。因为它不断增长的价格，许多人投身到对肉豆蔻生长地的追寻中。和锡兰肉桂（79 页）一样，葡萄牙人赢得了这场竞赛，在 1511 年抵达班达群岛并接管了马六甲港。他们装了满满两船肉豆蔻、肉豆蔻衣和丁子香，后来卖出的价格是他们进货时付给当地人的大约 1000 倍。

肉豆蔻用于治疗各种小病，从腹泻到消化问题等。当伊丽莎白时代的医生建议在随身携带的香丸中加入肉豆蔻以抵御黑死病时，它的价格变得更贵了，并且成为全世界最受青睐的贸易品。巨大财富的诱惑让英国人参与到香料贸易中来，决心从中分一杯羹。1603 年，詹姆斯·兰开斯特（James Lancaster）领导的一支远航探险队在小岛鲁恩（Run 或 Rhun）登陆，它是距离班达群岛主体部分 16 千米的一座小型环礁。这里有很多肉豆蔻树，在英国人与当地人进行成功的首次接触之后，贸易便开始了。然而，当时荷兰人掌握着该地区的香料垄断权，不会容忍在这个暴利行业中出现的竞争对手。他们在 1621 年使用武力占领了班达群岛，屠杀群岛上的居民，将幸存者驱逐或者卖为奴隶。他们开辟了肉豆蔻种植园，而且为了掌握垄断权，荷兰东印度公司摧毁了所有不在他们控制之下的肉豆蔻树。英国人后来在 1667 年将鲁恩岛让给荷兰人，作为交换，得到了当时籍籍无名的北美洲曼哈顿岛。然而，荷兰人的垄断没有持续多长时间，因为英国探险家将肉豆蔻树带到了斯里兰卡和其他被英国人控制的热带殖民地。18 世纪，法国植物学家皮埃尔·普瓦夫尔（Pierre Poivre）冒着极大的风险数次尝试从班达群岛走私肉豆蔻种子或植株，最终成功地在印度洋上的留尼汪和毛里求斯种植了一些树。肉豆蔻种植扩散到全球各

地，如今加勒比海的岛国格林纳位列全世界产量最大的肉豆蔻生产国。

这种来之不易的东方调味品继续在烹饪中受到人们的重视，来自几种地方菜系的无数食谱都要用到这种芳香温热的风味。肉豆蔻还是矿物质、B族维生素和抗氧化剂的来源，而且人们正在研究它的潜在药用价值，包括抵御某些有害细菌（抗菌）的保护作用、帮助肝脏正常行使功能以及抗抑郁等。虽然有些人将肉豆蔻作为药物服用，但过量摄入可能产生严重后果，包括过敏反应、幻觉甚至死亡，而且它对狗有剧毒。

肉豆蔻扣人心弦的故事是又一个活生生的例子，讲述了世界各地的种子贸易和迁移如何影响数百万人的生活和整个国家经济。

油橄榄

Olive

———

作为曾在奥林匹亚神祇之间的一场竞赛中出现的树，油橄榄（*Olea europaea*）在人类历史上发挥了重要作用。根据希腊神话，在雅典娜和波塞冬争执谁将成为希腊主要城市的守护神时，这位女神种下了一棵油橄榄树苗。雅典娜的礼物对这里的居民如此有用，使得她成为了获胜者，于是这座城市被称为雅典。油橄榄如此受人尊崇，以至于在古雅典奥运会上，获胜运动员将得到橄榄油作为奖品，而一棵油橄榄树至今仍然作为这个建城故事的象征生长在雅典卫城。

文森特·梵高在法国南部普罗旺斯省小镇圣雷米的精神病院休养期间，完成了至少 15 幅古油橄榄树绘画。

油橄榄的坚硬木材、果实和油脂的巨大用途使它成为数千年来一种极有价值的商品。此外，油橄榄还有重要的象征意义，象征着对生命的所有祝福，即长寿和生育力、滋养、希望、智慧和财富。橄榄枝自古就是和平的象征，最著名的出处或许就是《圣经》中挪亚方舟的故事，而且至今仍然世界通用。橄榄枝出现在联合国的旗帜上，环绕着一幅世界地图，还出现在美国国玺以及塞浦路斯和厄立特里亚的国旗上。在执行美国国家航空航天局的航天任务时，"阿波罗 11 号"（Apollo 11）的宇航员将一小根金质橄榄枝留在月球上，代表着对地球上所有人类和平相处的愿望。

油橄榄和其亚种，以及无数驯化品种都在地中海地区的烈日和干热中欣欣向荣，在那里，它们常常生长在贫瘠的石灰岩土上。这些小而坚韧的常绿乔木的高度很少超过 10 米至 15 米，狭长的蜡质叶片有助于保持珍贵的水分。油橄榄树可以承受剧烈的环境压力甚至野火，如果没有受到太严重的伤害，常常可以从基部再生。因为严酷的环境，油橄榄生长缓慢，但可以在一段相

对页图：油橄榄树是地中海沿岸风景的同义词，即使在土壤最贫瘠、降雨量极少的地方，也仍然有许多古老的油橄榄林欣欣向荣地生长着。

对较长的时期维持较高的结果量。位于克罗地亚布里俄尼国家公园的一棵油橄榄树在 20 世纪 60 年代接受放射性碳素检测的结果是，它已经活了 1600 年，而每年仍然产出大约 30 千克油橄榄。许多油橄榄树林据说有千百年的历史，而一些树，例如在意大利、希腊、马耳他和克罗地亚，据说已经有 2000 岁了。据估计，位于克里特岛的一座粗糙多瘤但果量丰硕的树甚至超过 3500 岁，但是因为它的树干已经中空，没有心材，所以无法根据年轮判断它的年代。在耶路撒冷的客西马尼园中，一棵看上去非常古老的油橄榄树进行了放射性碳素检测，发现它来自 12 世纪，所以可能是在十字军东征时期种植的。然而，古人发现油橄榄树的价值和恩赐的确切时间已经消失在时间的迷雾中。据报道，以色列境内的考古发掘找到了大约 2 万年前被人类使用过的油橄榄果核。

油橄榄树广泛分布于它们的原产地中海地区，如今还生长在北非和亚洲，并被带到世界上远离它们故乡的其他地方。油橄榄在 18 世纪末被西班牙传教士引入美国加州，因为那里的气候与地中海相似，所以这些树生长得很好，

而人工栽培在 19 世纪如火如荼地开展起来。油橄榄树林如今在加州覆盖着大约 14,000 公顷的土地，在那里培育出的一个品种被命名为‘布道所油橄榄’（'Mission olive'）。油橄榄如今还种植在南非和澳大利亚，这些地方的橄榄油产量都在增加，甚至印度的拉贾斯坦邦现在也有种植。

栽培史如此漫长的油橄榄如今有 1000 多个品种，而且油橄榄有 6 个不同的亚种生长在其自然分布范围的不同地区。这种著名的果实（按照科学定义称为核果）是微小的白色花结出来的，花簇生成团，风媒授粉。随着果实在秋末成熟，它们会从绿色变成黑色。然而直接从树上摘下来的油橄榄还不能吃，因为它们有一股酚类化合物如橄榄苦甙导致的苦味。在人工收获以避免擦伤后，必须将它们浸泡在水里，然后在盐水里腌制几天，再用清水冲洗干净。

最好的橄榄油是从生果中冷榨出来的。这种"特级初榨橄榄油"拥有最低的酸度和最高的纯度。除了营养丰富并且拥有可能的健康益处之外，橄榄油从古至今用于各式各样的目的，从涂抹和祝福国王、祭司、运动员和祭品，到为油灯提供燃料、制作药物、保存食物，以及按摩和清洁。

但是这种宝贵树木的用途到这里还没有结束，因为结实耐用的木材也是制作木雕和家具的一流材料，例如荷马提到奥德赛的床是用一棵仍然扎根的油橄榄树做成的。而种植这种树可以提供宜人的阴凉，作为防火林带和控制土壤侵蚀。油橄榄树林在干旱地区为野生动物创造了宝贵的栖息地，而且在春天常常开满各种野花。哲学家、诗人和画家都曾从油橄榄树林中得到启发。文森特·梵高（Vincent van Gogh）在法国南部普罗旺斯省小镇圣雷米的精神

上图：橄榄枝作为和平象征的历史非常漫长。它广为人知地出现在《圣经》中的那亚方舟故事中，一只鸽子在大洪水过后被放飞，然后衔着一根新鲜的橄榄枝飞了回来，代表着希望和对和平的承诺。

对页图：古老的油橄榄树林为野生动物提供了宝贵的栖息地，并支持着大量野花生长。它们还为诗人、哲学家和画家提供了灵感。

油橄榄

病院休养期间，完成了至少 15 幅古油橄榄树绘画。他热忱地捕捉普罗旺斯自然风景的精髓，并从中获得宁静和慰藉。在一封写给弟弟的信中，他说自己发现"油橄榄树林的沙沙作响有一种非常隐秘而且极为古老的东西在其中"。

英国皇家植物园邱园的收藏包括使用油橄榄树不同部位制造的种类繁多得令人吃惊的产品，包括拐杖、烟斗、勺子和念珠，但最令人感伤和共鸣的也许是一只含有橄榄树叶的花环，它来自古埃及少年国王图坦卡蒙的陵墓，可以追溯到大约 3300 年前。

这种重要作物的未来有些令人担忧，因为气候变化预计将导致地中海盆地的气温升高和干旱加剧，而致命的叶缘焦枯病菌（*Xylella fastidiosa*）正在南欧的油橄榄树林中扩散。一些油橄榄产区可能会变得无法再继续种植。但是我们在文化上和经济上与油橄榄的特别而紧密的关系一定将持续下去。

美国山核桃

Pecan

美国山核桃（*Carya illinoinensis*）原产美国南部和墨西哥，在那里的大河两岸，它在深厚肥沃的土壤中欣欣向荣，在树龄很小时就发育出长长的主根，并生长迅速。然后它会长成一棵优雅的落叶大乔木，高可达 40 米，树干直径常常可以达到 2 米。它的羽状复叶由许多小叶组成，雄性葇荑花序在春天出现。在微小的雌花受粉之后，就会结出令人向往的坚果，它包裹在外壳中，果实成熟时外壳极度辨识度地裂成四瓣。

因为果仁从薄壳中取出时
表面有许多皱褶，
所以西班牙人将其称为 *nuez do la arruga*，
意为"皱纹坚果"。

美国山核桃属于原产北美洲的 18 个山核桃属（*Carya*）物种中的一种，该属至少有一种山核桃（*C. cathayensis*）被发现分布于东南亚。该属的学名来自古希腊语单词 karyon，意为"坚果果仁"，而美国山核桃这个物种最有可能是使用在美国中西部地区伊利诺伊州采集的一个标本进行首次植物学描述的，在那里，它被称为"伊利诺伊坚果"（Illinois nut）。

对于生活在这种树木广大自然分布范围内不同区域的许多美洲原住民，这种坚果是宝贵的食物来源和重要的贸易品。单词 Pecan 来自阿尔贡金语，意为"需要石头敲开的坚果"，所以它的原意涵盖所有核桃和山核桃类坚果，也包括美国山核桃在内。美国山核桃有浓郁的奶油味，66 个山核桃半瓣果仁将提供约 690 大卡的热量和超过 100% 的每日脂肪摄入需求。它们还是膳食纤维、锰、镁、磷、锌和维生素 B1 的丰富来源，所以简而言之，它们对于我们的饮食而言总体上是有益的，无论是生食还是做熟后食用。

欧洲人首次知道美国山核桃是在西班牙探险家发现这种树生长在路易斯安那、得克萨斯和墨西哥时。因为果仁从薄壳中取出时表面有许多皱褶，所

以西班牙人将其称为 nuez do la arruga，意为"皱纹坚果"。早期殖民者开始种植这种树并将它带到美国的其他地区；托马斯·杰斐逊在弗吉尼亚州的蒙蒂塞洛种植了美国山核桃。坚果贸易发展起来，它们开始出口到世界上的其他地方。然而，野生美国山核桃在生长习性和味道方面都有很大的自然变异，这对于商业栽培是一项劣势。此外，这种树长长的主根意味着它很难移植，而且坚果要想有不错的产量，必须将几棵树种在一起进行杂交授粉。

通过嫁接获得理想结果的尝试收效甚微，直到一位名叫安东尼（Antoine）的奴隶园艺家将一株拥有适宜性状的野生美国山核桃嫁接到砧木上，得到一个名为'百年纪念'（'Centennial'）的美国山核桃品种。然后在 1874 年，迷上美国山核桃的英国橱柜制造商埃德蒙·E.里森（Edmond E. Risien）搬到得克萨斯州中部的圣萨巴县，潜心研究本土美国山核桃的栽培和育种。以当地美国山核桃展会上的一盘优胜美国山核桃为起点，他追踪到了一棵非常高产的果树，为了采集果实，它的主枝遭到了严重的削减。为了将这棵树从被砍伐的命运中拯救出来，里森买下了它以及周围的土地，创建了西得克萨斯美国山核桃苗圃。这棵树很快恢复了生机，形成一座新的树冠，开始再次结出坚果。他使用这棵大树结出的果实种植了一座占地 16 公顷的商业果园，但是这些树结出的坚果不如母树的好。

为了提升产量和品质，里森走遍得克萨斯州，寻找有潜力的优质父本果树，采集雄花并用它们的花粉对母树进行人工杂交授粉。于是，他创造出许多至今仍然种植在美国山核桃商业果园中的新的高产品种，例如'圣萨巴改良'（'San Saba Improved'）、'得克萨斯高产'（'Texas Prolific'）、'自由债券'（'Liberty Bond'）和'西雪莱'（'Western Schley'），在年景好的时候，这些品种的一棵树就能达到大约 450 千克的产量。里森从斧下救出的树如今被称为"圣萨巴美国山核桃母亲树"（San Saba Mother Pecan），是得克萨斯州的一棵著名大树。圣萨巴号称美国

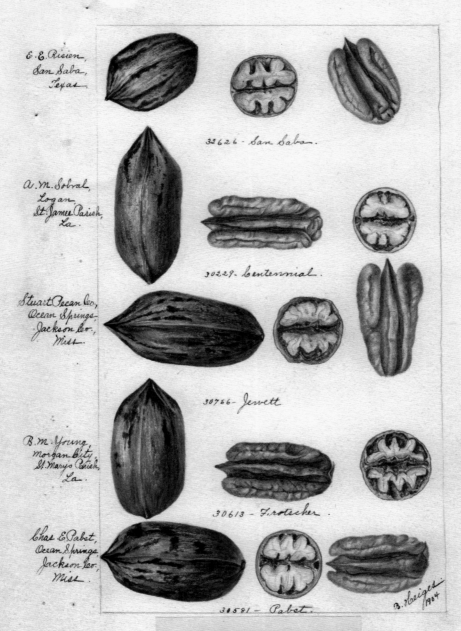

E. E. Risien,
San Saba,
Texas.

32626 - San Saba.

A. M. Sobral,
Logan,
St James Parish,
La.

30229 - Centennial.

Stuart Pecan Co.,
Ocean Springs,
Jackson Co.,
Miss.

30766 - Jewett

B. M. Young,
Morgan City,
St Marys Parish,
La.

30613 - Frotscher.

Chas E Pabst,
Ocean Springs,
Jackson Co.,
Miss.

30581 - Pabst.

B. Heiges.
1904

PECAN VARIETIES.

Pl. 32

Pacanenut Hickory.
Juglans oliva-formis.

上图：美国山核桃是山核桃属的 18
个物种之一。它的羽状复叶由许多
小叶组成。授粉之后，花结出坚果，
每个坚果都包裹在外壳中，果实成
熟时外壳裂成四瓣。

山核桃世界之都，而且在 1919 年，美国山核桃树正式成为得克萨斯州的州树。

山核桃属是一类有益的树木，而且并非只有坚果才是它们提供的重要商品。山核桃的木材还用来制作家具和地板，而且在美国是烟熏肉和鱼以增添风味的首选木材。因为它非常坚硬、致密且抗震，所以非常适合制作斧头、鹤嘴锄和锤子等工具的把手，以及长曲棍球和爱尔兰曲棍球球杆、高尔夫球球杆等杆状体育器材；最早的棒球棒是用山核桃木制造的，后来人们的喜好才转移到白蜡木或槭木上。

柿树

Japanese persimmon

════════

柿属（*Diospyros*）的属名来自希腊语中意为"神圣的果实或小麦"的单词，这在某种程度上反映了这种树在人们心中的地位。柿树（*Diospyros kaki*）所在的是一个大属，拥有 500 至 700 个落叶和常绿乔木和灌木物种，而该属属于柿科（Ebenaceae，英文名 Ebony family）。其中也包括黑檀本身，斯里兰卡黑檀(Indian 或 Ceylon ebony，152 页)就是最典型的一种黑檀。

……在美国内战期间，干种子还被制成士兵军装的纽扣。

柿树在英文中通常称为 Japanese persimmon（意为"日本柿"）或 kaki（柿在日语中的罗马字拼写），因此它的拉丁学名种加词也是 *kaki*。柿树原产中国和朝鲜半岛，并且在中国的栽培史可以追溯到 2000 多年前，它在日本也被种植和珍视了数百年之久。19 世纪，它从日本引进到更远的美国加利福尼亚、巴西和南欧。

秋末，这种小乔木的卵圆形叶片先变成美丽的颜色，然后从树上凋落，只留下形似番茄的硕大果实，它们的直径可达 10 厘米，成熟时呈有光泽的深橙色，挂在枝头上。在日本，果实收获后会用绳子串起来，然后悬挂在传统民居的低矮屋檐下。它们在阳光下自然晾干，制成名为干柿（hoshigaki）的高热量甜食。在中国，它们被剥皮、风干并压扁[注]，制成零食或者用在烹饪中。

这些可食用的果实主要有两种类型，涩柿（astringent）和甜柿（non-astringent），它们的形状也略有不同。涩柿品种在日本称为蜂屋柿（hachiya），其形状更椭圆更尖，富含原花青素（一种强抗氧化剂）和可溶性鞣酸物质，"涩柿"的名号意味着它们必须在树上完全成熟直到变软才能吃，否则只需一口就会让嘴里干涩难耐，再也不想吃第二口。完全成熟时，果肉会变成浓稠的浆状果泥，包裹在一层闪闪发亮的黄色或橙色蜡质薄皮中。它们通常是用于干制的种类。甜柿称为富有柿（fuyu gaki），可以在未成熟时食用，此时它们的果肉紧致且脆，也可以让它们完全成熟变成胶状，此时食用有浓郁的甜味。那为什么要吃涩柿呢？嗯，因为据说涩柿成熟时，味道比甜柿品种更好。在远东，柿子可以当作餐后甜点，而且将果实剖成小块本身就是一门艺术。

无论鲜食还是干制食用，柿子都拥有柔软至多纤维的质地，膳食纤维含量是苹果的两倍，并且富含维生素 A、维生素 C、钾、锰、铜和磷等微量元素。和大多数我们今天经常食用的其他商业化水果一样，这种异域水果如今已经被种植者培育出了数个风味更浓郁的品种。柿子有时叫作"沙龙果"（Sharon fruit）。这是一种柿子的品牌名，它是在以色列的沙龙平原（Sharon Plain）上培育出来的并在那里进行商业栽培，该平原坐落在东边的撒马利亚丘陵和西边的地中海之间。这种甜柿没有核，是无籽的，而且非常甜。

　　柿属的其他物种包括君迁子（*Diospyros lotus*，英文名 date plum 或 Caucasian persimmon；中文又称黑枣）。它是种植在花园中的最常见的柿类植物，而且拥有该类群最小的果实，它的英文名是因为其味道像椰枣（date）或欧洲李（plum）。它的自然分布范围极广，原产地从高加索山脉延伸至中国和韩国。美洲柿（*Diospyros virginiana*，英文名 American persimmon 或 common persimmon）天然分布于美国东南部各州至北边的康涅狄格州。它是高达 20 米的乔木，树皮深裂，形似鳄鱼皮。小而圆的果实呈黄色，略带红晕，富含维生素 C，是水果派中很受欢迎的馅料；早期欧洲探险家在描述它们时，形容它们看上去像欧楂（*Mespilus germanica*）。果实、木材和树皮都得到美洲原住民的利用，而且在美国内战期间，干种子还被制成士兵军装的纽扣。

[注]这里描述的是中国传统食物柿饼的做法，但有些地方的做法也是不压扁的，如陕西富平柿饼。

西谷椰子

Sago palm

因为英文名相近，真正的西谷椰子（*Metroxylon sagu*）容易和另外两种东西弄混：一种是常常也被叫作 sago palm 的室内植物，它其实是苏铁（*Cycas revoluta*）；另一种是"西谷布丁"（sago pudding），它通常是用木薯（*Manihot esculenta*）制成的木薯淀粉。在从马来西亚至印度尼西亚的广大区域，西谷椰子是许多人日常饮食的重要组成部分。它生长在野外，而且在该地区的几个国家都有栽培，并在巴布亚新几内亚的大片地域有分布，该国是这个物种特别宝贵的多样性中心。

西谷椰子可以长到大约 10 米高，顶端的树冠由一簇叶片构成，每片叶长约 5 米。终其一生，西谷椰子一直在将叶片通过光合作用合成的淀粉储存在有髓的茎干中。茎干可以长到 75 厘米粗，不过它们的基部更大。西谷椰子通过这种方式积累足够多的能量，以便长出巨大的开花结构然后结实。它的开花结实只有一次，然后就会死去。这类物种常常被称为"自杀植物"，但是按照科学定义，这是一种单花期生活史。在野外，西谷椰子通常只能活大约 12 年，如果任其开花受精，它会结出美丽硕大的球形果实。在变干时，这些果实会从绿色变成铜棕色，表面还覆盖着重叠的鳞片，让它们看上去好像穿山甲。

人类会利用这种植物的能量储备，方法是在它即将开花之前或者刚开始开花时砍倒茎干，通过这种方式最大限度地收获储存在茎干里的能量。按照传统做法，人们手工从树干中刮出淀粉，用筛子过滤，然后揉搓、清洗，晾干后将其做成一种面粉。如今，完全机械化的工厂可以执行这些程序，节省时间和大量人力。得到的面粉与水混合，制成一种灰色的胶质糊状物，搭配鱼类或蔬菜食用，也可以做成能够储存且方便运输的饼。

对页图：西谷椰子可以在相对较短的时间内长到 10 米高，在它们多髓的茎干中提供宝贵的食物来源。在玛丽安娜·诺斯（Marianne North）的这幅画中，它们高耸在香蕉树之上的地方。

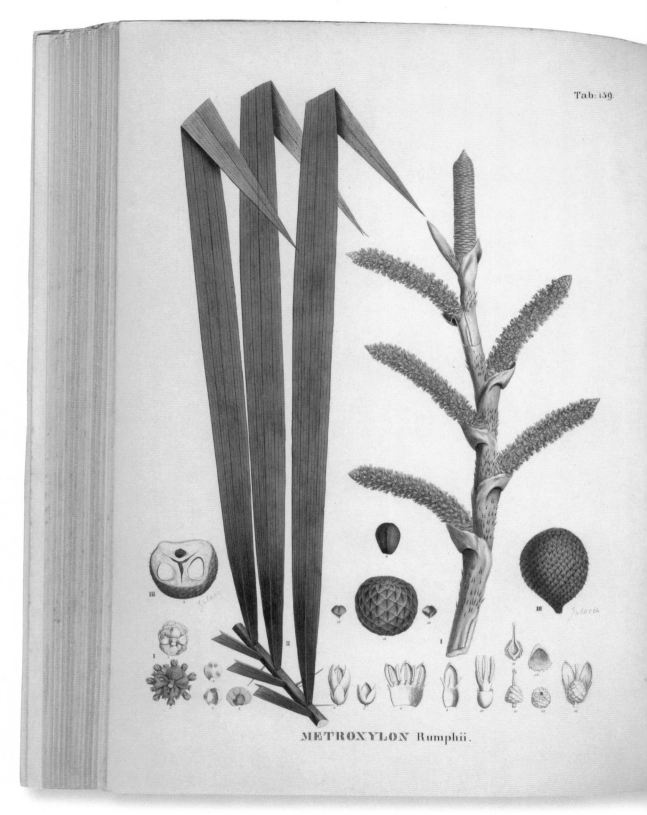

Tab: 159.

METROXYLON Rumphii.

欢宴和庆典

作为一种深受喜爱的成分，它被用在布丁和果冻中，以及粉条、饺子和汤羹里。西谷"珍珠"（干燥的西谷淀粉球在椰奶中煮熟并在棕榈糖中滚动）在沙捞越州是很受欢迎的一种食物。西谷椰子被认为是热带地区的人类最早开发并用作食物的植物。在无法成功种植其他作物的潮湿沼泽地，它是一种特别有用的植物。

曾与查尔斯·达尔文（Charles Darwin）同时提出进化论的英国维多利亚时代著名博物学家阿尔弗雷德·罗素·华莱士（Alfred Russel Wallace）在东南亚生活过很多年。他游历广泛，采集了数千件标本和人工制品，还写了几本书，包括1869年出版的《马来群岛》（*The Malay Archipelago*）。在新几内亚西部附近的摩鹿加群岛上生活时，他搜集了一些西谷饼，并写道："这种热饼搭配黄油非常好吃，要是制作的时候加一点糖和搓碎的椰子果肉，那就是珍馐美味了……如果不想马上食用，它们会被放在阳光下晒干数日……然后它们可以保存多年；它们非常坚硬，而且很粗糙很干。"果然，在皇家植物园邱园规模庞大的植物学收藏中，有一摞像石头一样坚硬的西谷饼，它们正是华莱士搜集并在1858年寄到邱园的。虽然略有褪色而且看上去不太可口，但它们证明了这种产品漫长的储存期限。它们还提供了一条穿越岁月的纽带，因为如今在新几内亚的许多地方，仍然有可能见到做成这种形状的西谷饼。

西谷椰子

石榴

Pomegranate

在早期草本志中有一些关于石榴（*Punica granatum*）的有趣条目，它们主要借鉴了 1 世纪古希腊内科医师狄奥斯科里迪斯（Dioscorides）的著作。这些草本志描述了其可口的汁液，声称它对血液和肝脏有好处，还能治疗视觉模糊、胃灼热和其他病症。在伦伯特·多东斯（Rembert Dodoens）1578 年的《新草本志》（*New Herball*）中，他写道："石榴汁对胃非常好，在脾胃虚弱时起到舒缓作用，在它过热或灼烧时起到冷却作用。"这本书记录了三种类型的果实，而且古老书页上的线图准确得令人惊讶，说明当时的人对树和果实都很熟悉。

石榴汁对胃非常好，在脾胃虚弱时起到舒缓作用……。（《新草本志》）

石榴的肉质暗红色种子闪闪发光，充满汁液，而人类对这些种子的认识和欣赏比上述草本古籍早得多，甚至比古希腊时代还要早。石榴被认为原产今天的伊朗和土耳其北部，自古典时代起就在地中海周边得到栽培。它的果实和花已经受到数千年的青睐，在古埃及和美索不达米亚平原都能找到关于它的记述。来自古埃及十八王朝早期（3000 多年前）的建筑师和官员依南尼（Ineni）在自己的陵墓中列出了他在自己位于底比斯的花园里种植的 350 多棵植物，其中就有 5 棵石榴树。依南尼侍奉的法老图特摩斯三世（Tuthmosis III）也喜爱花园。在位于卡纳克的阿蒙神庙中，有一个如今被称为"植物园"的房间。在这个房间里，墙壁上的浮雕描绘了图特摩斯在小亚细亚发起军事行动时搜集的所有异域植物，包括很容易辨认的石榴。

土耳其南部乌鲁布伦（Uluburun）海岸附近曾经发现过一艘可以追溯到公元前 1306 年的古代沉船，这艘船装载的珍贵货物包括许多装满了石榴的储存罐。这艘船上的其他货物包括黑檀木、笃耨香（一种芳香树脂）、象牙和铜锭，

对页图：石榴出现在《健康全书》（*Tacuinum Sanitatis*）中，它是 11 世纪的一部关于健康的专著，配有美丽的插图。后来，伦伯特·多东斯建议用石榴防治胃部不适。

Granata acetofa. ꝯpło.frī.   Łecto q̃ funt multe fucofitatis. uuantrḃ epī eā ꝯfer.
noɛumtum noɛent pectorī. Remō noɛumiti cum calɛ melito. Qumo g̃ñarit · chimum·mo
dicum. Nag̃ ꝯuenuit calis·uuuenibḃ·eftate· calɛ regioni·

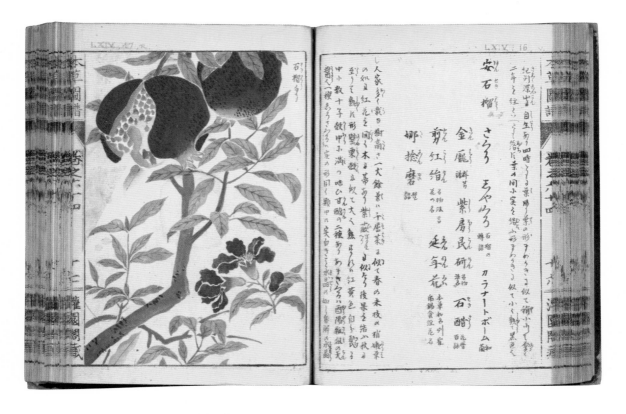

对页图：石榴的独特果实据说象征着繁荣、美德和生育力，或许是因为它们含有大量种子。

下图：石榴出现在世界各地的美丽文本中，包括这部19世纪的日本图册，《本草图谱》（*Honzō zufu*），作者是岩崎灌园。

说明石榴也被视为奢侈品。石榴的形象还常常出现在古代艺术品中，例如陶器，使用玻璃、象牙和贵金属制作的珠宝和装饰品，还出现在古书、马赛克镶嵌画和硬币上，进一步佐证了这种水果的地位。

从这些永远的时代以来，石榴一直作为食品和饮料以及一种药物与地中海和近东的人类文化纠缠在一起。它在宗教中也有着重要的地位，包括拜火教、犹太教、基督教和伊斯兰教，通常是繁荣、美德和生育力（或许是因为它的许多种子）的象征。这种象征性作用一直延续到最近的几百年，让石榴被许多著名画家融入自己的作品中，例如桑德罗·波提切利（Sandro Botticelli）的《圣母颂》（*Madonna of the Magnificat*，1483）和但丁·加布里尔·罗赛蒂（Dante Gabriel Rossetti）的《珀尔塞福涅》（*Proserpine*，1874）。

罗赛蒂的画当然与希腊神话中珀尔塞福涅与冥界之神哈迪斯的传说有关。根据这个传说，哈迪斯爱上了宙斯和自然与收获女神得墨忒耳的女儿珀尔塞

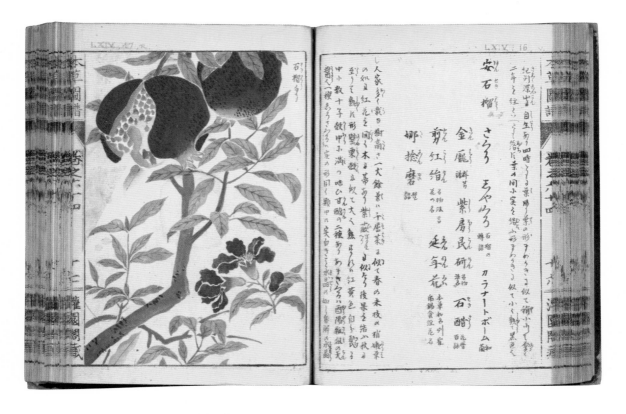

福涅，绑架了她，然后将她带到自己掌控下的冥界。得墨忒耳央求宙斯让哈迪斯放回自己的女儿。哈迪斯最终同意释放珀尔塞福涅，但是这发生在他已经引诱她吃了一些石榴籽之后。因为她曾在冥界进食，所以每年必须返回冥界几个月，此时土地上不会有任何作物生长，这就是季节更替的原因。

在 1509 年嫁给英格兰国王亨利八世的阿拉贡的凯瑟琳（Catherine of Aragon）将石榴融入自己的徽章或标志中，作为生育力和再生的象征。在后来的 1610 年，第一棵石榴树被有权有势的植物收藏家老约翰·崔德斯坦特（John Tradescant the Elder）引进英格兰，他是在巴黎得到这棵树的。它在 18 世纪引进美洲，最初的引种人或许是西班牙殖民者，后来托马斯·杰斐逊在 1771 年将石榴种在自己位于蒙蒂塞洛的果园里。

如今，石榴的原种和 500 多个品种生长在世界各地，从中国、日本、东南亚和阿富汗到美国的加利福尼亚州和亚利桑那州都有种植，在夏季炎热干燥的地方欣欣向荣。作为一种小乔木，如果任其自由生长，它可以长到 6 米至 10 米高，但通常栽培在果园中，修剪成多干型树木。它醒目的红色至橙红色花从 5 月一直开到秋天，单生或者少数几朵簇生在枝条末端，吸引多种昆虫授粉者。拉丁学名可以翻译成"拥有许多种子的苹果"，对于它的果实（或者说浆果），这是非常贴切的描述。一个石榴里面的种子数量从 200 粒到 1400 粒不等，每粒种子都被有甜味的肉质外衣（假种皮）包裹，而且所有种子被一层柔软的白色膜裹在一起，最外面是一层革质果皮。

完整的种子应用在一系列不同的菜肴中，果实可以榨出清爽的果汁，果汁可以做成石榴甘露酒，也可以浓缩成石榴糖浆。自古以来，树皮、果实和花也被用在多种药物疗法以及催情药中。如今我们知道，果实［尤其是在某些品种如'奇妙'（'Wonderful'）中］含有极为丰富的抗氧化剂多酚类化合物，这类物质可以降低心脏病和癌症风险。如今许多研究正在探讨石榴的健康益处，包括它对糖尿病和高血压的影响，而它现在被视为一种"超级食物"（被认为有益健康且可防治疾病的食物）。石榴数千年来一直受到高度重视，而人们还在开发新的方法来食用和享受这种不同寻常的水果，它拥有不同于任何其他水果的历史和外表。

石榴

Woods Salcombe
Aug 10. 1895.

Pinus
Pinaster
The stone or umbrella Pin

意大利伞松

Stone pine

意大利伞松（*Pinus pinea*）的深色轮廓映衬在蔚蓝的天空下，在法国、意大利、希腊和西班牙的地中海沿岸地区，这是一道令人十分熟悉的景致。这种树的整体形态和生长习性让它看起来像一把大阳伞，长而散开的分枝向外辐射，在高达 25 米的细长裸露树干顶端形成树冠，其英文别称还包括 umbrella pine（"伞松"）或 parasol pine（"阳伞松"）。意大利伞松常常倾斜成奇特而富于画面感的角度，让它们更具个性的是其呈红棕色的片状深裂树皮，而且它们的树皮还耐火。虽然它常被视为意大利文艺复兴式花园的标志性景观元素，和当今罗马的象征，但实际上意大利伞松的自然分布非常广泛。它遍布南欧、以色列、黎巴嫩和叙利亚的森林和马基群落灌木丛林地，在那里，它和阿勒颇松（*Pinus halepensis*，英文名 Aleppo pine）、冬青栎以及欧洲栓皮栎（29 页）生长在一起。

可食用的松子数千年来一直用作烹饪材料，而且古罗马人似乎特别喜欢它们。

意大利的著名考古遗址阿庇亚古道（Appian Way）是连接罗马与意大利东南部城市布林迪西的一条古罗马军事通道。公元前 312 年，三次萨莫奈战争期间，古罗马监察官阿庇乌斯·克劳狄·卡阿苏斯（Appius Claudius Caecus）修建了这条古道的第一段，古道便是以他的名字命名的。那里现在是个热门旅游景点，两侧排列着独具特色的意大利伞松。人们种植这种树的初衷，很可能是想以它们的伞形树冠来为烈日下行军的古罗马军团提供急需的阴凉。而其现代继任者如今为游客提供了同样的服务。

对页图：意大利伞松拥有柔韧的针状叶，长 10 厘米至 20 厘米，簇生在枝条上。结种子的球果长 8 厘米至 15 厘米，需要生长 36 个月才能成熟，比松属的任何其他物种都长。

在松属所有的 100 个物种中，意大利伞松的球果成熟时间最久，其成熟期超过了 36 个月。成熟后，沉甸甸的球果像石头一样坚硬的果壳就会绽开，

里面含有可食用的种子，即松子。据说正是包围种子的硬壳让它得到了更常用的英文名 stone pine（意为"石松"）。1000 粒松子重约 718 克，即使每粒松子上都带翅，它们也仍然过重，难以被风力有效传播。所以这种树依赖动物，尤其是伊比利亚灰喜鹊、啮齿类以及最近发挥作用的人类，来传播它们的种子。可食用的松子数千年来一直用作烹饪材料，而且古罗马人似乎特别喜欢它们。考古学家发现，在当时寒冷偏远的北方行省不列颠，罗马军营的垃圾堆里甚至有松子壳，这些松子是作为军粮运来的，并且是士兵眼中的美味。

如今这种松子的商业年产量高达数千吨，人们用带钩的长杆采集成熟但未打开的球果，然后将其加热，释放出种子。种子富含蛋白质和硫胺素（维生素 B），并广泛用于法国和意大利烹饪中。松子是意大利青酱的主要材料之一，其余材料是罗勒、帕尔马或佩科里诺干酪、大蒜、盐和橄榄油。在加泰罗尼亚，使用松子的另一个流行配方可以追溯到 18 世纪，那是一种名为 Panellets（意为"小面包"）的甜点。那是一团杏仁蛋白软糖制成的小圆形蛋糕，表面覆盖一层松子。虽然如今有来自中国华山松（*Pinus armandii*，英文名 Chinese white pine）和韩国红松（*Pinus koraiensis*，英文名 Korean pine）的更为便宜的松子，但意大利伞松的松仁以味道极佳、没有苦味而著称。人们还可以在松树上插管接取树脂制作清漆，或者制作小提琴弓和芭蕾舞鞋使用的松香。

虽然本来属于地中海，但意大利伞松如今在世界上气候适宜的其他地方也有种植。据信，它在 16 世纪引进英国，并从 18 世纪起作为一种观赏树被人们种植。英国皇家植物园邱园的树木园里就有一棵早期种植的有趣植株，它是在 1846 年由威廉·胡克爵士（Sir William Hooker）种下的。这棵树在容器里生长了许多年，变成了一棵盆景式的树，从主干上长出的数个大分枝距离地面只有 1 米。它如今呈现出一种独特的形状，与它在故土表现出的典型的高大赤裸的树干以及庄严的生长形态截然不同。

上图：人们采集意大利伞松成熟但未打开的球果，然后将其加热，释放出种子，即松子。种子被坚硬的壳包裹，这被认为是它英文常用名的起源。

对页图：意大利伞松的一般形态和生长习性像一把巨大宽阔的阳伞，所以又称"伞松"或"阳伞松"。

Pinus Pinea Lin.

意大利伞松

上图：滨玉蕊（Fish poison tree）

良药和毒药

为了保持健康的生长，以及防止被食草动物食用，植物制造出种类惊人的活性化合物。通过试错，人类已经熟知如何利用一种植物武器库中最有威力的成分，无论使用目的是好是坏。

根据皇家植物园邱园 2017 年度的《全球植物现状报告》(*State of the World's Plants Reports*)，目前至少有 28187 个植物物种被记录为药用，而且在全球许多地区，这些植物是药物的主要来演。然而，植物不应被简单地视为"民间医药"，只是在没有别的办法时使用的权宜之计。它们拥有强大的治疗效果，而且人们每年都使用植物体内的活性化合物开发新药。例如，银杏在传统中药中有着漫长的应用历史，用于治疗多种疾病，但如今科学家正在研究它，以便应用于现代医药。

历史上来源于树木的名药之一当然非奎宁（来自金鸡纳树）莫属，作为疟疾的预防和治疗药物，它在过去的 200 年里拯救了无数人的生命，让人类能够安全地生活在原来疟疾风险极高的地方。距今更近的时候，来自欧洲红豆杉树皮和树叶的紫杉醇被开发成了一种抗癌药物（61 页）。不过，树木并不一定非得拥有如此神奇的药用效果才算有价值，因为许多树木在我们的日常生活中以其他方式提供益处。印度苦楝树拥有如此全面的抗菌效果，以至于在印度被称为"村庄药房"，甚至还用在牙膏里。而来自澳大利亚的互叶白千层已经成了我们医药箱中非处方杀菌剂的主力。

但是植物不但能治愈我们，也能伤害我们，有时伤害我们的恰恰是能够治愈我们的物种，因为一种植物是杀死我们还是治愈我们，可能纯粹取决于剂量。不过有许多物种是不能轻易招惹的。马钱子碱可以导致你能够想象到的最可怕的死亡，但直到最近，它仍然作为老鼠药存放在人们家里。毒性极强的毒番石榴的果实绝对不能碰，而且就连这种树的树液都能灼伤皮肤并引发水疱。滨玉蕊的英文名意为"鱼毒树"，可谓名副其实，但传统医药也使用较低的剂量治疗各种病症。加州月桂的叶片不那么致命，但肯定仍然会导致不适，它们会释放一种引起头痛的挥发油，但相反的是也被认为能够治疗头痛。

银杏

Maidenhair tree

银杏（*Ginkgo biloba*）是中国本土的一种长寿树木，一些个体的寿命据说已经超过 2500 年。但是这种树的历史可以追溯到久远得多的时代。银杏是活化石。大约 1.75 亿到 2 亿年前，恐龙仍在地球上游荡时，银杏曾广泛分布在北半球。古生物学家曾在岩石中发现银杏叶片化石，不过这些化石来自远古物种胡顿银杏（*Ginkgo huttoni*）。

银杏属的学名 Ginkgo 本身就蕴含着一段有趣的历史，它被认为是这种树的日语名字 ginkyo 误译而来的。西方对这种树的首次描述就使用了这个我们如今熟悉的名字，描述者是德国植物学家恩格尔贝特·肯普费（Engelbert Kaempfer），1690 年至 1692 年逗留长崎期间，他曾在一座日本寺庙的庭院里见过一株银杏。后来当这种树在 1771 年得到卡尔·林奈的科学描述时，这个误译又被保持下来；林奈增添了种加词 *biloba*，它由拉丁语单词 bis（"两个"）和 loba（"裂的"）组成，指的是叶片独特的二裂形状。Ginkgo 还用作英文名，而银杏另一个英文名是 maidenhair tree（"铁线蕨树"），暗指叶片与掌叶铁线蕨（*Adiantum capillus-veneris*，英文名 maidenhair fern）的叶片相似。绝对不会被认错的叶片形状让这种树在汉语里得到了一个"鸭脚"的名字，它还被称为"公孙树"，因为一代人种下的树要在一或两代人之后才开始结实。

绝对不会被认错的叶片形状让这种树在汉语里得到了一个"鸭脚"的名字……。

银杏是美丽的树木，高达 20 米至 30 米，拥有非常独特的稀疏分枝形态。在阳光灿烂的秋日，它们为风景带来灿烂生机，因为它们的叶片会在凋落之前从绿色变成最鲜艳的金黄色。银杏曾被归类为一种松柏类植物，并与欧洲

对页图：1771 年，银杏得到了卡尔·林奈的科学描述。林奈为它命名的种加词 *biloba* 由"二"和"裂"的拉丁语单词构成，指的是叶片形状。雌树上的成熟果实有一股异味，但种仁被视为一道美食。这幅画是罗伯特·福琼（Robert Fortune）19 世纪中期在中国时雇一位中国画家画的。

良药和毒药

银杏

良药和毒药

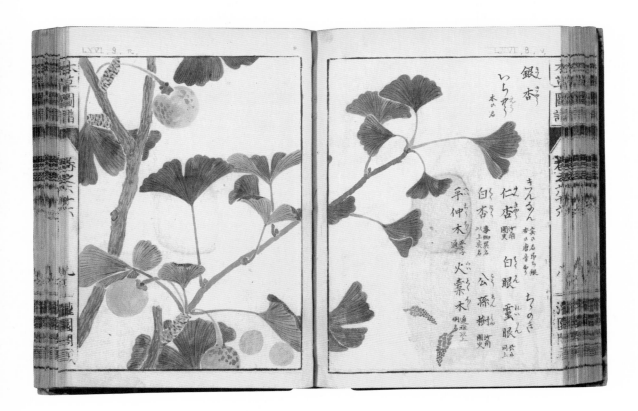

对页图：早期引进欧洲的银杏树于1762年种植在皇家植物园邱园的树木园中。它是一棵雄树，开黄色球果状花。到了秋季，树叶在凋落之前从绿色变成浓郁的金黄色。

上图：银杏原产中国，并在那里有漫长的栽培史。1730年前后，它经由日本首次从中国引进欧洲。这幅日本插图来自《本草图谱》，一部最终包含93卷的植物学著作。

红豆杉同置于红豆杉科（Taxaceae），如今它已经和松柏类分道扬镳，置于自己专属的银杏目（Ginkgoales），是该目的唯一物种。它是雌雄异株的树木，意味着有单独的雄树和雌树。雄树长出的微小"球果"含有花粉，而雌树结有硬壳并被一层肉质外皮覆盖的种子，种子成熟时外皮呈浅黄色，外表和大小都与杏相仿。遗憾的是，在十分美丽的同时，银杏还以温带地区异味最大的树著称。它包裹种子的肉质含有丁酸，成熟时会散发呕吐物的气味。这种气味还像腐肉，人们认为正是它吸引了吃掉果实然后传播种子的夜行性动物。

尽管气味不佳，但种仁是备受珍视的美食，用在东方烹饪的许多菜肴中，而且被认为有催情效果。叶片和种子在传统中医药中也有漫长的应用历史，用于治疗多种疾病，包括消化问题、哮喘和肺部疾患。距今更近的研究已经发现，叶片中的抗氧化剂可以增加血流量，或许能够治疗与血液流通不畅相关的疾病。据说叶片提取物还能提高记忆力和注意力，有助于治疗痴呆。然而需要说明的是，对于许多据说银杏能够缓解的病症，目前并没有临床证据证明它的有效性，需要进一步的科学研究才能确定银杏的药用功效。

银杏

全世界最大可能也是最古老的银杏树生长在中国贵州省李家湾，据估计已有 4000 岁至 4500 岁，号称"大银杏王"。它是一棵雄树，高约 30 米，树干完全中空，直径 4.6 米，围长 15.6 米。世界各地还有许多其他古老的银杏树，尤其是在中国、朝鲜半岛和日本的寺庙里。生长在四川省小镇冷碛的一棵大银杏树甚至被当地人在树干里立了一座小庙。它在 2005 年得到了准确测量，测量结果是 30 米高，围长 12.4 米。据说它是中国古代三国时期的政治家兼作家诸葛亮在一次军事远征中亲手种植的，若是如此，这棵树现在已经 1700 多岁了。

　　1730 年前后，银杏经由日本首次从中国引进欧洲，早期引种的一棵银杏于 1762 年种植在皇家植物园邱园的树木园。它被整枝成了贴墙果树的形态，紧靠着 1761 年为奥古斯塔公主建造的玻璃温室"大暖房"（Great Stove），大概是为了给它提供一些冬季保护，不过这种树很耐寒。它可能是首先种植在英国的银杏之一，如今是"邱园老狮子"里面的一株。

　　银杏是完美的城市绿化树种，17% 的日本行道树是银杏，因为它们耐污染和病害。如今如'金兵普林斯顿'（'Princeton Sentry'）和'金秋'（'Autumn Gold'）等已知雄树，因其园艺价值和对城市污染的耐性得到种植，而且还避免了果实散发异味的问题。

滨玉蕊

Fish poison tree

━━━━━━━━

    美丽，有用，芳香且有毒，滨玉蕊（*Barringtonia asiatica*）拥有一连串令人难忘的性质，不愧它那威风凛凛且恰如其分的英文名（意为"鱼毒树"）。这个物种作为一种来自亚洲、马达加斯加和太平洋群岛的热带高大乔木，和红树林物种一起生长在海滨与河岸沿线以及湿地之中，它在这些地方生长得欣欣向荣，根系在水里荡漾。这种树的成年个体可以长到 20 米高，拥有烟雾般升腾的茂密树冠，是一道壮观的景致，尤其是在盛花期时。

右图：滨玉蕊树美丽的绒球状花结
出有四个角的果实。果实里包含的
种子富含皂苷，用于毒晕鱼类。

滨玉蕊

良药和毒药

滨玉蕊的花像大绒球，这种效果是众多醒目的雄蕊造成的，它们的末端呈粉色，密集地从 4 片小而圆的白色花瓣中伸出来，花瓣很容易被忽视。薄暮时分，花散发出一股令人头晕甚至有点恶心的气味，然后花的浅色和香味会吸引夜行性授粉者，包括蝙蝠、果蝠和蛾类。授粉后，花结出的四角形果实像是一个个小灯笼。它们又称"箱果"（box fruits），含有一两粒椭圆形种子。果实呈海绵质地并且有防水的果皮，所以当它们掉进水里时，它们可以漂到环境适宜种子萌发的新地区。这些果实通常被认为可以漂流许多个月，而一项研究发现它们甚至能够存活 15 年之久。以"漂流果实"的形式进行传播的能力导致这种树分布广泛，实际上在某些沿海地区，它已经成为入侵物种。

这些果实通常被认为可以漂流许多个月，而一项研究发现它们甚至能够存活 15 年之久。

滨玉蕊树含有味苦且有毒的皂苷（一种植物化学成分，可令植物难以下咽，因而起到抵御动物觅食者的作用），皂苷大量集中在它的种子里。人们将种子捣成细浆，然后将其扔进溪流。有毒的皂苷易于溶解在水中，所以它能毒晕鱼类让它们易于捕捉。它是许多以这种方式用作鱼毒的热带植物之一。

和许多有潜在毒性的物种一样，决定它有益还是有害的是植物化学成分的剂量。在低剂量下，这种树的种子、树皮和叶片都用作治疗咳嗽和肺部问题的传统药物，还用于杀灭肠道蠕虫和其他寄生虫。在菲律宾，人们将其叶片加热后外用，以缓解胃痛、头痛和关节痛；而在新几内亚附近的俾斯麦群岛，据报道当地人将新鲜果实直接涂抹在皮肤溃疡上。在中南半岛，果实被煮沸以去除皂苷，然后当作蔬菜食用。滨玉蕊的花朵显而易见的魅力以及硕大有光泽的叶片也让它作为一种观赏遮阴树种植在印度和新加坡，而且在这些地方深受景仰。

加州月桂

Headache tree

═══════

加州月桂（*Umbellularia californica*）与其说是对生命的真实威胁，倒不如说会对生活造成不便，不过当然还是要避免坐在这种树下。它受到加利福尼亚的美洲原住民的高度重视，他们将它的叶片和果实用于多种目的，包括制成缓解头痛的膏药。然而，树叶释放的一种挥发油实际上会产生截然相反的效果。

生长在加利福尼亚州以及俄勒冈州部分地区的海滨林地和红杉森林中，这种常绿阔叶大乔木可以长到 30 米高。散发刺鼻香味的叶片含有大量的加州月桂酮（umbellulone），在这些树周围逗留的人吸入后可导致严重的头痛和偏头痛。这种活性化合物还会刺激眼睛和鼻子。虽然存在这种缺点，但是这种美丽的树常常作为花园中的花园景观树或者绿篱种植。

在一个报道案例中，一位在加州工作的意大利裔园丁曾遭受 20 年丛集性头痛之苦而不知原因，直到发现是因为修剪这种树。

这个物种有许多英文名，包括 Californian laurel（"加州月桂"）、pepperwood（"胡椒木"）和 spice tree（"香料树"），而且它很容易和月桂（*Laurus nobilis*，英文名 bay laurel）弄混，因为它们同属于樟科（Lauraceae）。

肥厚的绿色叶片呈披针形，淡黄色小花结出有光泽的卵形绿色浆果。浆果成熟后变成深紫色，而且里面有硕大的棕色种子或"坚果"。虽然这种树的某些部位，主要是叶片和"坚果"是可食用的，但是除了更具冒险精神的采集者，它们常常被有意避开。

1826 年，广泛游历美国西北部的著名苏格兰植物猎手大卫·道格拉斯在俄勒冈州见到这种树并采集了它的种子。道格拉斯将它描述为一种美丽的常

散发刺鼻香味的叶片含有大量的加州月桂酮……吸入后可导致严重的头痛和偏头痛。

对页图：加州月桂又称"头疼树，很容易和月桂弄混，因为它们看上去很相似，而且亲缘关系相近。它常常种植在花园里，但是可能会产生令人不快的效果。

良药和毒药

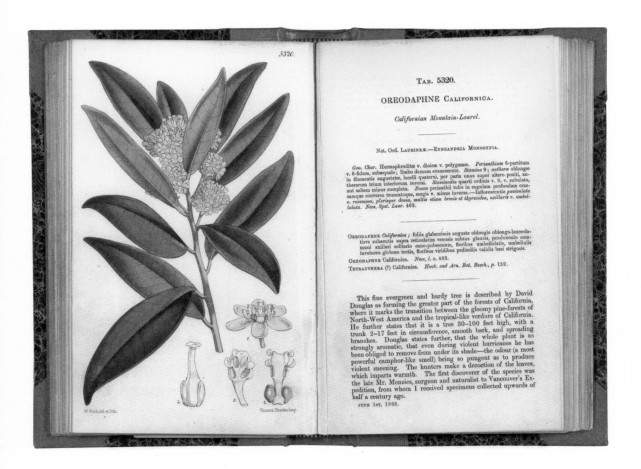

5320.

绿乔木，并说当地人使用它的树皮制作一种饮料，不过他还提到它散发的强烈气味会让人打喷嚏。他在 1829 年将第一批树苗运回英国，它们被种植在皇家植物园邱园的树木园以及几座乡村庄园里。据《乔灌木希利尔手册》（*The Hillier Manual of Trees and Shrubs*）记录，对于这种不同寻常的树，那些"老派"园艺家总是津津乐道于年老力衰的贵族遗孀被它的强烈气味熏死的夸张故事。

毒番石榴

Manchineel

作为大戟科（Euphorbiaceae）成员，这个物种实际上保持着全世界最危险树木的纪录。和其他大戟科植物一样，毒番石榴（*Hippomane mancinella*）会从树干或树枝的任意伤口流出乳汁状树液，其中含有强效刺激物。树液极具腐蚀性，一旦与皮肤接触，就会立刻导致水疱和灼伤，如果进入眼睛，还会短暂致盲。就连下雨时站在树下都是危险的，因为被树液污染的雨滴可以有同样的效果。

原产北美洲南部（包括佛罗里达）、加勒比海、中美洲以及南美洲北部等热带地区，这种常绿乔木可以长到15米高。它生长在滩涂和海岸沿线，根系有助于防止土壤侵蚀。果实像小绿苹果，但它们也有强烈的毒性，因此这种树有很多凶险的名字，包括西班牙语中的"死亡树"（arbol de la muerte）或"死亡苹果"（manzanilla de la muerte）。果肉的味道据说相当甜，如果误食会迅速导致嘴和喉咙的严重灼伤和溃疡，令人非常痛苦。因为毒番石榴的所有部位都有毒，当地人有时会在树干上画一个红色的叉或者标记，警示它的存在。如果小心操作，木材可用于制造家具，但就算焚烧它也是危险的，因为燃烧产生的烟雾仍然会对眼睛造成严重伤害。

几位著名探险家都曾提到过与这个物种相遇的过程。18世纪博物学家马克·凯茨比（Mark Catesby）记录了这种树的汁液进入眼睛对他造成的痛苦，说他"两天完全看不见任何东西"。毒番石榴的臭名昭著甚至进入了文学作品，包括《包法利夫人》（*Madame Bovary*）和《海角乐园》（*The Swiss Family Robinson*）在内，许多作品对此都有提及，而且它还出现在戏剧中，包括吉亚克莫·梅耶贝尔（Giacomo Meyerbeer）的《非洲人》（*L'Africaine*），被女主角西莉卡（Sélika）用于自杀。

对页图：经过惨痛的教训，人们已经知道要躲避毒番石榴的树液和诱人的果实，它们都有强烈的毒性。这种树进化出了抵御食草动物的烈性毒性，而人们认为它的扩散方式是落在海滩上的果实被潮汐带到新的地点，然后在那里萌发生长。

右图：包括詹姆斯·库克（James Cook）船长在内，许多探险家都曾遇到毒番石榴并亲眼见证过它的效果。西班牙探险家胡安·庞塞·德莱昂（Juan Ponce de Leon）1521年在佛罗里达西南部死于和当地人的一场小规模冲突，据说杀死他的正是一支蘸有毒番石榴汁液的箭。

毒番石榴

马钱

Strychnine

═══════

无论是在现实中还是在小说作品里，马钱子碱都是一种恶名昭著的速效致死毒药。它是一种天然生物碱，存在于马钱（*Strychnos nux-vomica*）这种树的种子里，而且二者在英文里的名字都是一样的。如果被生物摄入或者吸收，它常常会是致命的，马钱子碱被证实会在 3 小时内致人死亡。植物已经进化出生物碱，而且能够将它们聚集在特定的部位，如种子、树皮和根部，保护自己免受讨厌的食草动物啃食。马钱显然准备了这一手。

如果被生物摄入或者吸收，它常常会是致命的，马钱子碱被证实会在 3 小时内致人死亡。

马钱子碱的主要来源物种马钱原产印度和东南亚。其另一个英文名是 poison nut（"毒药坚果"），这种中型乔木通常高 10 米至 13 米，开一团绿白色的小花（按照科学定义属于聚伞花序），花则散发着一股令人不快的味道，暗示之后将结出更不讨喜的种子。在苹果大小的泛红黄色果实中发育的这些扁盘状种子，正是危险的马钱子碱的来源，它们还含有另外一种名为二甲氧基马钱子碱（brucine）的生物碱。果实表面有软毛，里面的白色黏稠果肉包裹着大约 5 粒种子。苍白至灰色的种子很容易取出和清洗，然后可以磨成粉末。马钱子粉可同时用作"药物"（通常作为一种兴奋剂）和毒药，取决于剂量。它在印度和阿拉伯药物中有漫长的应用史，不过应该指出，马钱子碱目前还没有已知的医药价值。

16 世纪与印度的贸易，让马钱子碱受到了西方瞩目，而它很快就在航船和家中被当作老鼠药使用。它能导致十分可怖的死亡，因为它会与神经突触的甘氨酸受体结合，从而阻断呼吸，而且即便是最微小的刺激也会让神经系统产生很大的反应。这会导致可怕的肌肉痉挛，受害者的背部有时拱成极为

对页图：马钱泛红的黄色果实含有白色浆状果肉，里面有几粒灰色种子。它们是恶名昭著的毒药马钱子碱的来源。

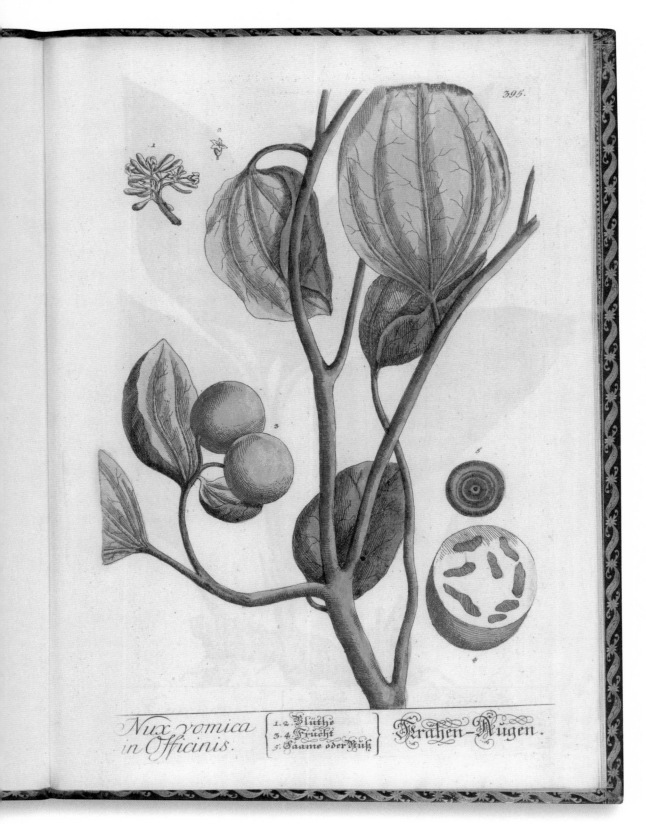

395.

Nux vomica in Officinis.

1. 2. Blüthe
3. 4. Frucht
5. Saame oder Nuß

Krähen-Augen.

马钱

上图：马钱的种子呈独特的扁盘状，可以磨成细粉。这种粉末曾经很容易获得并在住宅中用作老鼠药，不过如今它在许多国家是禁用品。

夸张的弧度，以至于只有后脑勺和脚作为维持平衡的支点。因为受神经控制的呼吸无法正常进行，死亡通常发生在窒息之后。在这个过程的大部分时间里，受害者会清醒地感受到正在发生什么，所以这是一种特别残忍和夸张的死法。

马钱子碱非常苦，而且水溶性不好，所幸它没那么容易被人误食，不过当人们购买这种瓶装毒药并存放在家中，误食的情况是确有发生的。阿加莎·克里斯蒂（Agatha Christie）在她的小说里曾几次描写过它，包括在自己的处女作里，即出版于 1921 年、首次介绍了大侦探波洛（Poirot）这个角色的《斯泰尔斯庄园奇案》（*The Mysterious Affair at Styles*）。在埃米莉·英格尔索普（Emily Inglethorp）被害一案的描述中，克里斯蒂展现出自己丰富的化学知识。英格尔索普夫人弄来了提升精力的马钱子碱补药，但是旁人的蓄意谋杀致使她使用了过量药物。

然而，用马钱子碱下毒并非只是发生在小说里的虚构情节，它在许多真实的谋杀案中也发挥了重要作用。最臭名昭著的案件是托马斯·尼尔·克里姆博士（Dr Thomas Neill Cream）所犯下的，他在 19 世纪 70 年代杀死了至少两名妇女，还在 1881 年杀死了一名男子，并因此入狱。刚一获释，他就去了英国，并继续使用马钱子碱在伦敦毒杀了几名妓女。他被称为"兰贝斯投毒者"，最终在 1892 年接受审判和绞刑。

含有马钱子碱的产品如今在许多国家受到严格管制，而且在英国，马钱子碱从 2006 年起就被禁止了；如今购买以任何形式存在的马钱子碱都是非法的。马钱子碱中毒没有特定解药，不过安定和肌肉松弛剂可以缓解症状。中毒者需要尽早接受医治才能幸存。

和马钱在同一个属的其他成员也能产生致命毒素，包括来自菲律宾的吕宋果（*S. ignatii*，英文名 St Ignatius bean）和来自南美洲的南美箭毒树（*S. toxifera*），后者是当地印第安人使用的箭毒的来源。

印度苦楝树

Neem

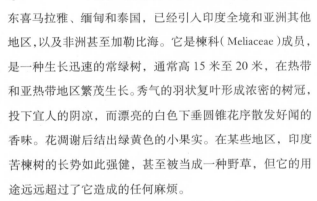

下图：在传统医药中，印度苦楝树的叶片和种子都很受重视。此外，它的常绿树冠能提供阴凉，花有好闻的香味，令它成为一种非常有用的树。

这个分布广泛的物种可能是全世界最有用的树种之一，而且它很可能被生活在印度的人用在日常生活中。在印度，有些人叫它"村庄药房"。如果要在自己的房子边种一棵树，如有可能，就应该选印度苦楝树。

印度苦楝树（*Azadirachta indica*）原产印度阿萨姆邦、孟加拉国、柬埔寨、东喜马拉雅、缅甸和泰国，已经引入印度全境和亚洲其他地区，以及非洲甚至加勒比海。它是楝科（Meliaceae）成员，是一种生长迅速的常绿树，通常高15米至20米，在热带和亚热带地区繁茂生长。秀气的羽状复叶形成浓密的树冠，投下宜人的阴凉，而漂亮的白色下垂圆锥花序散发好闻的香味。花凋谢后结出绿黄色的小果实。在某些地区，印度苦楝树的长势如此强健，甚至被当成一种野草，但它的用途远远超过了它造成的任何麻烦。

它的嫩叶和花可以烹饪食用，不过据说有苦味。但印度苦楝树之所以如此宝贵，是因为它是医药产品的来源，而且正是因为这一点，它在传统的中药、阿育吠陀和尤那尼医药中应用了数千年之久。叶片和种子含有数百种活性成分，它们起到抗氧化剂的作用，并被认为能够阻碍细菌生长。印度苦楝树据信有抗真菌和消炎效果，甚至还有人正在研究它抑制癌症肿瘤的潜力。在传统医药中，使用印度苦楝树叶片做成的药物用于治疗皮肤病，而种子榨出的油据信可以改善肝脏健康和"清洁血液"。在生长着这

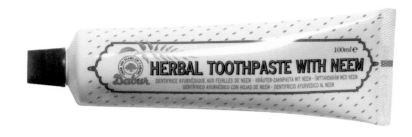

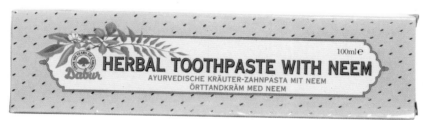

些树的国家，这种油还用在许多化妆品中，如香皂、洗发液和面霜。人们将印度苦楝树的小枝当作天然牙刷，你还能在商店里找到印度苦楝树牙膏和漱口水。

用途广泛的印度苦楝树的众多好处甚至仍不止于此。在保护住宅和作物免遭昆虫类害虫的危害上，这种树发挥着重要作用。叶片干燥后放入衣柜和厨房橱柜里驱赶害虫，焚烧后还有驱蚊效果。将种子制成的一种粉末稀释在水中，然后将溶液喷洒在作物上，就是一种可生物降解的天然杀虫剂，它会阻止昆虫进食和产卵，从而影响它们的生命周期。虽然它必须频繁使用，但它是安全的，容易获得，而且是一种有利于环境的选择，有助于保护多种作物的收成，有人甚至发现它可以驱赶蝗虫。

因为在日常生活中的重要性而且非常有用，在印度，这种"神奇树"的花和树叶常常用在传统印度教节日中，包括泰米尔纳德邦的马里节，又称马里安曼节，这个节日纪念的是掌管降雨的地母神。

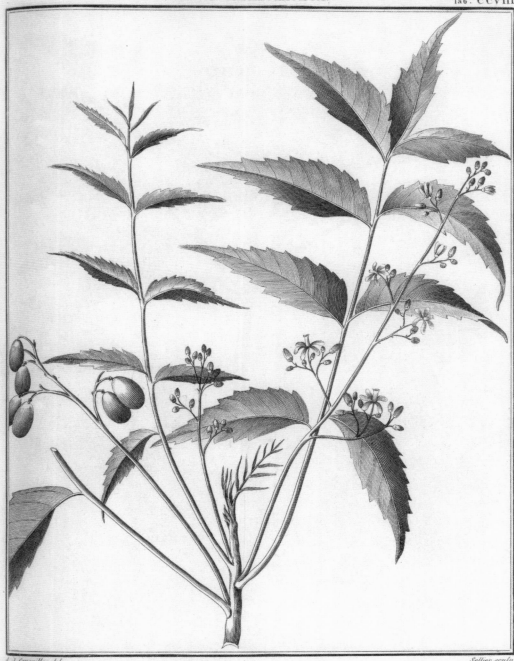

A. J. Cavanilles del.

Sellier sculp.

印度苦楝树

良药和毒药

金鸡纳树

Quinine

========

金鸡纳树（*Cinchona spp.*）的故事与医学发现、植物走私以及帝国扩张息息相关。在将近 400 年的岁月里，这种树因其拯救生命的功效在各大洲发挥至关重要的作用。这都是因为金鸡纳树的树皮能提供一种天然生物碱奎宁[注]，可用于预防和治疗疟疾，即全世界致死人数最多的一种疾病。金鸡纳属（*Cinchona*）大约有 23 个物种，它们原产安第斯山脉，分布于厄瓜多尔、玻利维亚和秘鲁。它们的外表都非常相似，而且很容易杂交，但在奎宁的故事中，药金鸡纳（*C. officinalis*）和毛金鸡纳（*C. pubescens*）这两个物种特别重要。虽然纯粹以树皮的用途著称，但这些小乔木也有漂亮的粉紫色管状花，它们有宜人的香味，在这些树的自然栖息地吸引蝴蝶和其他昆虫充当授粉者。

早在 17 世纪 30 年代，这种在西班牙语中名为 quinquina 的树就被秘鲁的西班牙传教士记录了拥有治疗发热的功能，在耶稣会将其引进之后，整个西班牙和欧洲其他地方的人们很快就知道这种树的树皮可以治疗疟疾。一开始，向欧洲供应的产品数量很少而且价格昂贵，但"耶稣会树皮"的功效很快就有口皆碑了。遗憾的是，因为和天主教会的矛盾，信仰新教的英格兰一开始持怀疑态度，但到 17 世纪末时，这种树皮显然正在这个国家得到使用。

植物学家和分类学之父卡尔·林奈将该属命名为 *Cinchona*，以纪念西班牙美丽的钦琼（Chinchón）女伯爵，据说她属于 1638 年首批被金鸡纳树皮治愈疟疾的欧洲人（遗憾的是，故事的这个部分似乎并不是真的）。林奈拼错了她的名字，导致这个属名的发音一直存在混乱。在接下来的 200 年里，"这种树皮"作为抗击疟疾的主要药物被采收、出口和开发。对于欧洲列强在热带地区的扩张，它起到的作用是无可辩驳的。在亚洲和非洲地区，欧洲殖民者曾

对页图：19 世纪末，许多国家在最需要输入奎宁抗击疟疾的地区附近建造了金鸡纳树种植园。

金鸡纳树

因极高的疟疾死亡率而无法在那些地方确立地位，而奎宁药剂的供应极大地扭转了这一局面，保证了殖民者的健康和其扩张的成功。

直到 19 世纪初，赋予金鸡纳树树皮抗疟疾功效的活性生物碱才被发现。实际上，人们发现一共有 4 种生物碱能够杀死疟原虫，但是因为奎宁的较强功效，它成了最重要的一种。法国化学家约瑟夫·比奈姆·卡旺图（Joseph Bienaimé Caventou）和皮埃尔·约瑟夫·佩尔蒂埃（Pierre Joseph Pelletier）在 1820 年首次萃取并分析了奎宁，然后纯奎宁的生产很快就开始了。

人们还发现对于来自不同地区的金鸡纳树生物碱的含量存在差异。尽管有影响力的"奎宁生物学家"、英国人约翰·艾利奥特·霍华德（John Eliot Howard）开始种植、生产和研究金鸡纳属植物以确定哪些树是最有效的，但是树皮和奎宁的商品仍供不应求。生长在南美的来源树木受到种植者的大力守卫，以维持对这种暴利产品的垄断。植物间谍和走私者便在此时登场了，目标是获得足够数量的种子和植株，以便在更接近最迫切地需要奎宁的地方开创种植园：虽说是不光彩的行为，却也是拯救无数性命的正义之举。

皇家植物园邱园的档案馆收藏了历任园长的一系列有趣的信件。其中一封信的日期是 1859 年，来自植物探险家理查德·斯普鲁斯（Richard Spruce），寄给邱园的第一任园长威廉·胡克爵士，它描述了一次在厄瓜多尔获取优质种子的尝试。斯普鲁斯是英国政府为了寻找最好的金鸡纳树而资助的 3 支远征探险队其中一支的首领，这支探险队中还有 2 名邱园的园艺家。最终他们带回了 10 万棵植株和 637 粒种子。1860 年，邱园使用印度事务部的拨款修建了一座"金鸡纳树温室"，到 1861 年时，该温室已经培育出了幼苗，它们最终的归宿是印度尼尔吉里丘陵和锡兰（斯里兰卡旧称）的种植园和花园。这些种植园刚一创立，对于当地人和英国居民，奎宁很快就成了广泛易得的商品。

这个故事的下一个篇章是，为了保证每日摄入足够的奎宁，英国殖民地居民将它加入一种"汤力水"中，但味道仍然是苦的，于是他们又加入了柠檬、糖和金酒（杜松子酒），金汤力就这样诞生了。关于奎宁充气汤力水的第一个英国专利可以追溯到 1858 年。

邱园拥有欧洲最大数量的金鸡纳树皮和种子收藏，物品超过 1000 件，有些可以追溯到 18 世纪初。架子上摆满了排列成行的老玻璃罐、黑色盒子和纸质包裹，每个里面都是一件来自不同地方或时代的标本。很大一部分藏品源自19世纪60年代的约翰·艾利奥特·霍华德，因为他成了一名斩获丰厚的收藏家，并且拥有自己的奎宁制造生意。这里还有一份来自1865年的种子样品，将它带到邱园的是一位知识渊博但不走运的收藏家，名叫查尔斯·莱杰（Charles Ledger）。他去了玻利维亚，并在当地人曼努埃尔·因克拉·马马尼（Manuel Incra Mamani）的帮助下寻找品质最好的金鸡纳树的种子。不幸的是，因为邱园已经有了样本，还有种植在印度的植株，所以它拒绝购买莱杰的种子，于是莱杰与荷兰人达成了交易。接下来荷兰人主导了全球奎宁市场，因为使用莱杰的种子种出的树含有品质最佳的奎宁，正如他和马马尼宣称的那样。

　　如今，由于其他有效药物的开发以及导致疟疾的疟原虫的抗药性的增长，奎宁的用量已经下降，但它仍然非常重要，而且还激励了其他抗疟药物的医学进步。金鸡纳可以真正视为一种改变了世界历史进程并拯救了无数人生命的树。

[注] 奎宁，又名金鸡纳霜，或金鸡纳碱。

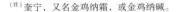

右图：尽管主要因其有医学价值的树皮受到重视，但金鸡纳树本身也很美丽，开赏心悦目的粉色管状花吸引授粉者。

互叶白千层

Narrow-leaved Tea Tree

在原产地澳大利亚，互叶白千层[注]（*Melaleuca alternifolia*，英文名 narrow-leaved tea tree）。早已广为人知，并被视为宝贵的天然药物。原住民将叶片用在处理伤口的膏药和绷带中，起消炎和抗菌的作用，还有助于减轻充血。然而一直到大概 20 世纪 20 年代，互叶白千层才开始流行于自然分布区之外。后来在第二次世界大战期间，互叶白千层精油（tea tree oil）的生产在澳大利亚被视为至关重要的战争事务，因为它有助于治疗受伤的士兵，而所有澳大利亚军人都随身携带互叶白千层精油，帮助降低感染风险。自 20 世纪 70 年代以来，它的流行程度有了很大的回升，如今全世界许多人的家里都会有某种互叶白千层产品，无论是作为抗菌剂的纯精油，还是简单的化妆湿巾或洗面奶。

虽然白千层属（*Melaleuca*）有 256 个物种，但是所谓"茶树精油"通常提取自互叶白千层，它作为野生物种生长于昆士兰州南部和新南威尔士州北部的溪流和沼泽附近。它属于桃金娘科（Myrtaceae），该科还包括桉树和丁子香，这些植物当然也可提取其他气味刺激的油脂。这个物种可以长到大约 7 米高，但最常长成株型散乱的高大灌木。在春天，微小的奶油白色花构成紧凑成团的花序，受粉后发育成沿着枝条排列整齐的木质化小果。互叶白千层的树皮很独特，呈纸质，剥落，因此它在澳大利亚的另一个俗名是"纸皮树"（paperbark tree）。

互叶白千层如今在大型种植园有商业种植。春季和夏季采收狭长的叶片，使用蒸汽蒸馏法提取其中的精油。互叶白千层衍生物功效的相关研究很少，但是互叶白千层制造的松油烯-4-醇（terpinen-4-ol）精油据称是一种有效且安全的抗菌剂，可用于人药和兽药。据说它还能有效对抗某些真菌感染，还

良药和毒药

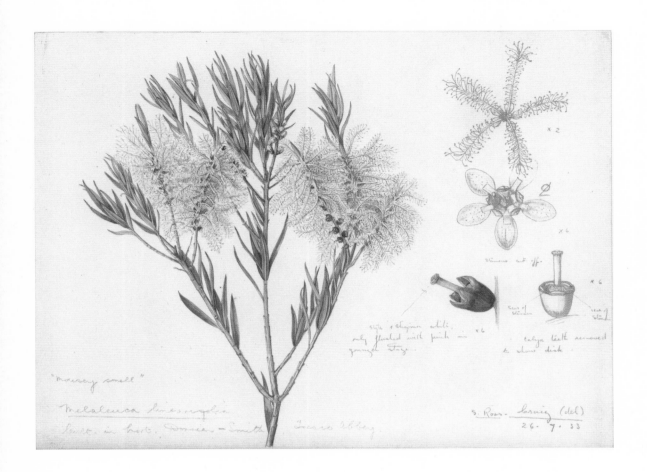

上图：互叶白千层属于桃金娘科，同属该科的还包括桉树，澳大利亚的另一个典型植物类群。原住民将精油和叶片用作抗菌剂和其他药物。

对页图：互叶白千层精油曾长期用作药物，如今作为一种有效成分用在从消毒湿巾到洗发液等多种家用产品中。

是一种消炎药。拥有这么多潜在益处，难怪如今有这么多互叶白千层产品出现在市场上。而且随着人们继续寻找抗生素的有效替代品，像互叶白千层精油这样的天然产品无疑将在对抗传染病的战斗中发挥更重要的作用。

[注] 互叶白千层也常被人们称为"澳洲茶树"，互叶白千层精油就是俗称的"茶树精油"。但它和生产茶叶的树是不同物种，二者并无亲缘关系。

互叶白千层

上图：斯里兰卡黑檀

身体和灵魂

除了提供食物和香料、药物和毒药，树木还能以一系列有趣的方式滋养我们的身体和灵魂。它们可以代表生命，但也可以代表死亡；它们可以象征灵魂和祖先，或者构成关于创世和护佑、神灵和魔鬼的故事的基础。某些树木物种，包括非洲的猴面包树和东南亚的孟加拉榕在内，作为村庄生活的中心受到当地人的尊崇。它们提供遮挡烈日和风雨的庇护所、有用的产品，以及会面讨论重要事情和举办典礼的场所。很多树与不同的宗教有所联系，出现在有娱乐和教育功能的传统故事中，并具有生动的象征意义。山楂（hawthorn）也许是一种看上去很不起眼的树，但它与众多迷信和民间故事联系在一起，并且同时出现在异教和基督教的信仰中。

从更实用的角度看，另外一些树木则是制造树脂和染料的来源，这些产品被人们用于装饰身体，或制造强烈而愉悦感官的香料。源自红木种子的一种鲜艳的染料用作身体彩绘涂料，如今还出现在多种食物和化妆品中。受到创伤后，龙血树产生一种同时拥有装饰性和功能性的红色树脂。备受追捧的阿拉伯乳香树数千年来一直是宗教和其他仪式必不可少的香料和熏香的全球性贸易的核心。树木甚至对人类的衣着打扮有贡献：桑树的叶片是桑蚕最喜欢的食物，而桑蚕为奢侈的丝绸布料生产原材料。

从制造吉他、钢琴等振奋人们精神、与我们灵魂对话的乐器，到制造象棋这种智益游戏的棋子，某些树的木材曾经至关重要，例如黑檀。台湾杉经久耐用，不易腐烂，在中国除了是建造房屋和寺庙的优良材料之外，还因其可用于制造棺椁受到高度重视。

天然的树木产品比我们所意识到的要更加深植于人类文明。和红木一样，皂皮树仍然以传统方式为人使用，这种树还是非常有价值的商业作物，在清洁剂和起泡饮料的生产中起着重要作用。很少有人会看印在口红、香皂或者香水包装上的成分表，而且我们很少会思考传统是如何又是在何时、何地兴起的这种问题。无论如何，树木对我们的生活和社会诸多方面的价值都应得到承认，我们应该意识到，它们在让我们获得更加丰富、更有灵性和更具活力的经验方面所起到的作用。

猴面包树

Baobab

作为非洲景观的标志性树种，猴面包树（*Adansonia digitata*）被认为富有营养、药用价值和神奇的功效。巨大的树围和独特的外形让它很容易辨认。猴面包树常常被人们称为"上下颠倒树"（upside-down tree），因为在旱季，它光秃秃的树枝看上去仿佛树根长在了空中一样。它还招来了其他许多奇怪的名字，包括"死老鼠树"（dead rat tree）和"炼金术士树"（chemist tree）。猴面包树生长缓慢且长寿：纳米比亚的一棵名为"格鲁特姆"（Grootboom）的巨大猴面包树接受了放射性碳年代测定，结果证明它已经活了 1275 年。这意味着它在 2004 年轰然倒塌时，是已知最古老的开花植物，因为大多数其他古树都是松柏类，例如红杉、松树和欧洲红豆杉。

猴面包树被包裹在层层神话和传说中，常常出现在创世故事里，而且被认为有神奇的特性。

猴面包树这个物种原产非洲热带和南部比较干旱的地区，它在这些地方分布广泛，是稀树草原荆棘林地中的常见景致。它是一种非常庄严雄伟的乔木，株高和围长都可以达到 30 米，并拥有庞大的根系。大得不成比例的树干是进化上的奇迹，让这种树能够储存水分，以便让它在干旱和半干旱环境中熬过许多个炎热干燥的月份。其大型个体据说能够在树干里储存多达 10 万升水，而大象会挖掘它们的树干获取里面宝贵的液体。许多其他动物也造访猴面包树寻求食物和庇护所，包括狒狒和疣猪，以及不同种类的鸟、爬行动物和昆虫。

猴面包树硕大醒目的白色花出现在雨季到来时，悬挂在长而下垂的花梗上，以便更容易被蝙蝠授粉。每朵花都有一簇雄蕊在花的下方伸出，确保花粉刷在包括夜猴在内的授粉动物身上。花只维持一天的开放时间，常常在夜晚首次展开。授粉后结出的果实有丝绒状表皮，长达 35 厘米，充满一种干燥

对页图：猴面包树美丽的白色花瓣在夜晚首次展开，而花常常只能维持开放 24 小时。它们由蝙蝠和夜猴授粉。

的果肉，里面有许多深棕色小种子。

人们对猴面包树的重视由来已久。一些部落将幼苗种植在村庄附近，供后代利用，说明这些树对乡村社群而言是多么密不可分的部分。叶片、树皮、果实、树根和种子都以丰富多样的方式得到使用。果实中味道刺激的果肉含有大量维生素 C，含量是橙子的 7 倍多，而且富含钙和钾等营养元素以及膳食纤维。果肉和种子可以制成饮品、酱料、果酱、汤羹和粥，而树叶可以作为一种主要蔬菜食用。来自内层树皮的纤维被编织成绳索、垫子、篮子、衣物甚至蜂箱；树根提取染料，来自花的花粉可以用作胶水的配料。根据记录，猴面包树在非洲的传统用途总计超过 300 种。中空的树干曾被改造成水箱、监狱、酒吧和坟墓。最近，来自它种子的油受到评估，有作为生物燃料的潜力，现在也用于保湿化妆品中。

这种有用的树还出现在传统医药中，果实、种子和叶片都用于治疗各种疾病，包括疟疾、痢疾和腹泻，以及咳嗽和牙疼。新的研究调查了猴面包树的抗菌、抗病毒和消炎功效，多项研究表明它有着良好的疗效。

猴面包树常常是村庄生活的中心，它的阴凉是聚会和解决问题的好地方。

上图：猴面包树的巨大树干，托马斯·贝恩斯（Thomas Baines）绘。可以储存大量的水。一棵猴面包树常常是会面场所和村庄生活的中心。

对页图：猴面包树的果实、叶片、树根和种子都很有用，意味着这些树受到乡村社群的高度重视。当地人专门种下这些树供后代利用。

猴面包树被包裹在层层神话和传说中，常常出现在创世故事里，而且被认为有神奇的特性。据说精灵生活在它的花里，因此不应采摘它开出的花朵，而用种子制成的一种饮料被认为可以保护你免遭鳄鱼伤害，这让猴面包树成了一种真正重要且多用途的树木。

猴面包树

台湾杉

The coffin tree

===

　　在位于东亚的故乡，台湾杉（*Taiwania cryptomerioides*）是"旧世界[注]森林"最庞大的一个物种，而且是全世界最高树木的有力竞争者。实际上，它在身高、形状和姿态上都很像现在的纪录保持者北美红杉（217页）。一些台湾杉据报道高达 90 米，高耸直立的树干直径达 4 米或以上。

　　1904 年，它作为一个松柏类新物种被日本植物学家小西成章首次科学采集。两年后的 1906 年，另一位著名日本植物学家早田文藏对它进行了描述并将之发表，他在 20 世纪初命名了台湾地区的许多植物。由于一开始早田文藏认为它只分布在台湾岛上，所以它得到了 *Taiwania* 这个属名。不过后来人们又发现它在中国大陆部分地区、缅甸和越南北部也有分布。生长在大陆的树被分类学家划为另一个物种，秃杉（*Taiwania flousiana*），但有人认为这两个物种在植物学上并不存在真正的差异，这个名字只是用来区分这种彼此独立的自然分布。在它的故乡台湾岛，台湾杉生长在几座偏僻的山上，分布于海拔 1800 米至 2500 米之间，以及台湾最高峰、海拔 3952 米的"莫里森山"（Mount Morrison）的西坡，这个名字来自 19 世纪英国传教士罗伯特·莫里森（Robert Morrison）。如今它的名字是玉山。

　　在这座山上，台湾杉是极为壮观的居民，而且在许多树木尚未被砍伐的 20 世纪之前，它们一定是更令人难忘的存在。幼年台湾杉是所有松柏类树木中最优雅的，构成完美的金字塔形。修长的分枝下垂，末端向上弯曲，分枝

对页图和右图：台湾杉的成年个体
拥有高耸赤裸的树干，令它成为全
世界最高大的树种之一。木材极耐
腐蚀，除了建造寺庙，还用来制造
棺椁。其尖尖的针叶呈蓝绿色，具
有扁平束状结构。

台湾杉

上图：如今中国禁止砍伐台湾杉，而且这种树出现在一套五枚邮票上，这套邮票的发行是为了强调这些树木在它们的自然栖息地应当受到的保护。

上生长着垂下的帘状小枝，上面排列着非常尖锐且表面有白霜的蓝绿色针叶，在冬天尤其显眼。它还是一个生长缓慢的长寿树种，可以长到 2000 岁。成年个体拥有高耸在周围树木之上的赤裸树干，以及有时相当参差不齐的树冠。

风干之后，台湾杉的木材轻盈柔软，拥有一种非常辛辣但宜人的气味。它极为经久耐用，抗真菌和昆虫侵害，耐腐蚀，从前用于修建寺庙和房屋，需求很大并遭到过度开发。有些树的木材拥有细腻的纹理，带有美丽的红色和黄色年轮纹路，这让它非常值得制作优质家具和其他产品。这种木材最著名的用途或许是制作棺材，因此得名"棺材树"。富有的中国人尤其喜欢用它做棺椁，在追捧之下，大树可以拥有极高的价值。英格兰植物收藏家和探险家弗兰克·金登－沃德（Frank Kingdon-Ward）详细描述了自己被带去观看一株优美的台湾杉的过程，以及这种树在运输之前如何被砍倒并锯成板子。据他估计，一棵完全长大的树可以生产 60 至 80 块板子。

这种庄严的树在 1918 年由欧内斯特·威尔荪（Ernest Wilson）引入西方花园，如今因其吸引人的外表作为观赏植物种植。人们常常以为，既然它来自台湾地区，那么它的耐寒性应该不足以让它在北方无保护的情况下室外种植，但是种植在阳光充足的背风位置时，它能熬过大多数冬天，比一开始认为的耐寒得多。在美国太平洋海岸和东南部、澳大利亚和新西兰等更温暖的地区，它的生长状况好得多，不过这些地方的所有树现在都仍是相对年轻的。

在其自然栖息地，台湾杉被记录为易危物种，并因其宝贵的木材遭受过度开发和非法伐木的威胁。不过，1984 年，台湾玉山公园的建立和中国大陆的伐木禁令赋予了这种标志性的树一定程度的保护。1992 年，中国邮政特别发行了一套 5 枚邮票，展示了包括台湾杉在内的 5 种台湾本土松柏类植物，强调这些珍稀和美丽的树木应该受到的保护。

[注] 旧世界是指在哥伦布发现新大陆之前欧洲所认识的世界，包括欧洲、亚洲和非洲。

龙血树

Dragons blood tree

作为一个真正超凡脱俗和与众不同的物种，索科特拉龙血树（*Dracaena cinnabari*）只生长在距离东北非洲海岸 240 千米的索科特拉岛。印度洋上这座遗世独立的岛屿常常被描述为地球上看起来最像外星的地方，以其超脱世俗的植物闻名，包括沙漠玫瑰（desert rose）和黄瓜树（cucumber tree），每一种植物都在干旱环境下进化出了奇怪但独具匠心的生存方式。索科特拉岛是在数百万年前从非洲大陆分离出来的，植物群的大约 37% 是本地特有物种，也就是说在其他地方都找不到。在这些物种中，索科特拉龙血树或许是最著名的。

……**自古以来，它就因其鲜红色树脂备受珍视。这种红色树液被称为"龙血"，从树皮的裂缝和伤口中渗出……**。

这种生长缓慢的常绿乔木拥有伞状形态，或许可以比作一朵巨大的绿色蘑菇。狭长的剑形蜡质叶片紧凑地构成对称的穹形树冠，有助于在炎热干燥的环境中保存水分。树冠还提供浓荫以减少蒸发，并将任何可能存在的水分引导至树的根系。叶片通常只生长在多瘤树枝的最上面，让这种树的外表显得更加古怪。

一度常见于整座索科特拉岛，如今这种树的健康种群主要分布在哈吉尔山脉（Haggier Mountains）及周边海拔较高的地方，尤其是石灰岩高地洛克迪菲尔米欣（Rokeb di Firmihin）。索科特拉龙血树需要特定量的降水、雾和云层覆盖才能在多岩石的贫瘠土壤中繁茂生长，而这些条件在 20 世纪变得更加稀有。在缺少下层灌木以保护它们免遭干旱的地方，幼苗通常无法生长，而山羊和牛的啃食会减少这个象征性物种的栖息地。气候变化也在它的衰退中发挥了作用，如今它在国际自然保护联盟的《受威胁植物红色名录》（*Red List*

Mr. Smith.
May 31. 1913

copy of a drawing sent by
Dr. George V. Perez
Puerto Orotava Teneriffe

Dracaena Draco

身体和灵魂

对页图：龙血树生长缓慢，形成非常奇特的形状，向上伸展的树枝顶端长有簇生叶片，常常像是一把外翻的雨伞。

右图：索科特拉龙血树和龙血树这两个物种都依赖其他物种构成的生物网络，帮助它们在常常几乎不存在其他植物的多岩石干旱环境中欣欣向荣地生长。

of Threatened Plants）上被列为"易危"物种。

　　每年二月，索科特拉龙血树的枝头成簇地绽放香气满溢的绿白色花朵，花谢后结出肉质小果，果实成熟时变为橙红色。它们会吸引鸟类和动物吃掉自己以传播种子——失去这些物种中任何一种，都会影响索科特拉龙血树的繁殖能力和种子的散播。倚重这种树的不只有这些生物，因为自古以来，龙血树就因其红色的树脂而受到人类重视。形成这种红色树脂的树液被称为"龙血"，从树皮的裂缝或伤口中渗出，能保护树体免遭感染。千百年来，人类一直在采集它的树脂并以各种方式对其加以利用，包括用作装饰物、房屋染料和涂料以及可穿戴的饰品，这种树脂还在当地传统医药中发挥着作用［同属的剑叶龙血树（Dracaena cochinchinensis）的树脂也可入药，其中药名为"血竭"，又名"麒麟竭"］。虽然人类曾经对其有着大量的定期收获需求，但其如今的需求量已不如从前。

　　索科特拉龙血树和龙血树（D. draco）亲缘关系紧密，后者是分布于加那利群岛、佛得角和马德拉群岛的一种龙血树，二者的外表极为相似。它也因其树脂得到广泛使用，而它的果实据说曾是一种今已灭绝且与渡渡鸟相似的鸟类的食物。不幸的是，同样由于生境丧失和放牧，这种龙血树的野外数量也大大减少了。

龙血树

黑檀
Ebony

黑檀这种树给了我们美妙的音乐，还让我们拥有最精美的家具。千百年来，工匠们一直对它纹理细腻的黝黑木材青眼有加，它曾用于制作钢琴、小提琴和大提琴，还在品质最优良的橱柜、桌椅、钟表中用作镶嵌和饰面，并被制成国际象棋和其他装饰品。

黑檀的木材极为经久耐用，沉重致密，以至于某些种类无法漂浮在水中。这样的硬度让它难以加工，但也意味着可以做出可与大理石媲美的精致有光泽的表面，而且它可以雕刻出极为精细的细节。黑檀被认为是所有橱柜木材中质量最好的，已在欧洲受到数百年的推崇。15世纪，德国木匠精于使用它制作高级橱柜，而在16世纪的法国，制作橱柜的工匠因为与黑檀打交道而被定义了职业，被称为 menuisier en ébene（"加工黑檀的人"）或 ébenistes（"黑檀匠人"）。将黑檀用在任何物品上都会让它成为一件奢侈品，只有王室、巨富才用得起。

在莎士比亚时代的英国，这种黑色硬木的品质当然已经名声赫赫，因为他在自己的剧本里提到了这一点，包括据信撰写于16世纪90年代中期的《爱的徒劳》（*Love's Labour's Lost*）。那瓦国王腓迪南惊叫道，"凭着上天起誓，你的爱人黑得就像黑檀一般"。对此，贵族俾隆回答道，"黑檀像她吗？啊，这非凡的木材！娶到黑檀般的妻子才是无上的幸福"。

柿属的数个物种作为"黑檀"得到了商业开发，有时其他属的物种也被称为"黑檀"，但斯里兰卡黑檀（*D. ebenum*）和黑木柿（*D. melanoxylon*，英文名 Coromandel ebony 或 tendu）被视为其中最好、最有价值的树。斯里兰卡黑檀被认为拥有最可靠的黑色心材，其他种类可能有棕色和灰色条纹。这个生

上图：黑檀的黑色心材极为坚硬，因此用它制成的物品表面可以雕刻出复杂的装饰图案，例如这把梳子。

对页图：全世界不同地区生长着不同种类的黑檀，但斯里兰卡黑檀是因其木材受到最高评价的一种。

身体和灵魂

A

J.Vauzine del.

Melle Noiret & Mougeot sc.

Plaqueminier Faux-Ebénier.

黒檀

长缓慢的常绿物种可以长到 20 米高，原产斯里兰卡和印度南部的湿润海滨森林。其他黑檀广泛生长在东南亚、印度南部和热带非洲部分地区。

黑檀木一直是稀有且昂贵的商品。它在 17 世纪从印度、毛里求斯和马达加斯加引进英国，但直到 19 世纪非洲市场的开放以及英国势力在斯里兰卡的存在才意味着供应量的增加，让这种木材得到更广泛的使用。然而，到 20 世纪时，最优质黑檀木的来源变得稀少起来，20 世纪初就不再有来自东方的黑檀了。即便它是这样一种备受推崇的树，也没有以可持续的方式进行管理，现在被认为面临灭绝的威胁。如今，许多黑檀物种的木材贸易受到限制，不过非法贸易仍然拥有数十亿英镑的产值。

不同种类的柿属物种不仅因为它们的木材受到重视。例如，斯里兰卡黑檀结高尔夫球大的小果实，其锈色表面呈丝绒状，果肉美味可食。一些近缘物种专门因其果实得到种植，包括最著名的柿树和美洲柿（99 页）。

黑檀像她吗？啊，这非凡的木材！
**　娶到黑檀般的妻子**
**　才是无上的幸福。（《爱的徒劳》）**

右图：黑檀木备受推崇且价值高昂，而柿属物种还结出可食用的果实。斯里兰卡黑檀的果实呈高尔夫球大小，而且被认为相当可口。

154　　　　身体和灵魂

孟加拉榕

Indian banyan fig

见到一棵古老的孟加拉榕（*Ficus benghalensis*）就是见到一个庞大的植物世界，以及信仰和社会的象征。对于一些最大的个体来说，其冠幅可达 200 米，高可达 30 米。它们向四周扩展的宽阔树干，加上悬挂在空中令人惊讶的气生根，立即令人想到印度的神秘之感，而实际上这个物种正是印度的国树。

长着硕大的革质叶片，在原产地印度和巴基斯坦，庞大的孟加拉榕提供宜人的阴凉，而且常常用作市场贸易和会面场所。很多树自然生长在野外，但也被种植在印度的公园里和街道两旁，以及印度教寺庙附近。这些树的拜访者常常将丝带或小塑像藏在根和枝条里，作为他们的希望和祷告的象征。因为这个原因，孟加拉榕被称为"许愿树"。它在印度教中是神圣的，树根、树干和树叶与创造神（梵天）、守护神（毗湿奴）和毁灭神（湿婆）联系在一起。孟加拉榕还象征永恒的生命，考虑到这个物种总是不停地生长和扩张，这或许并不令人意外。

这些树的拜访者常常将丝带或小塑像藏在根和枝条里，作为他们的希望和祷告的象征。

一眼看上去好像是不同树干构成的一片森林，细细的气生根低垂如层层幕帘，然而这番景象实际上往往只是一棵古老的孟加拉榕所呈现的。这棵树的生命可能是从一粒种子开始的，它来自孟加拉榕的某个鲜红色榕果，被动物或鸟类转移到了另一棵树树枝的裂缝中。幼苗一旦长到足够大，就会向下长出树根，最终创造出错综复杂的根系网，沿着宿主树的树干向下伸展。随着时间的推移，孟加拉榕的树根愈合在一起并完全包裹住宿主，最终通过剥夺阳光和养分将其杀死，成为它的棺椁。这种生长习性让孟加拉榕成为"绞杀榕"中的一种。

对页图：孟加拉榕是一种绞杀榕，它在另一棵树的树枝中萌发，向下伸出气生根，渐渐将宿主包裹。许多古老的大树被用作会面场所，并因其提供的阴凉受到重视。

下图：孟加拉榕在印度教中是神圣的，庙宇常常建在它们附近甚至树丛中。

孟加拉榕在整个生命过程中继续从树枝上扎下气生根，后者变得像树干一样，支撑着不断扩张的树。关于印度地标性树木的调查发现了 7 棵巨大的孟加拉榕，其中最大的名叫"蒂玛玛里玛奴"（Thimmamma Marrimanu），生长在班加罗尔以北大约 160 千米的村庄阿嫩达布尔（Anantapur）。这棵壮观的树占地 2 公顷，有 4000 根支柱根，构成全世界最庞大的树冠之一。一座小庙坐落在它的中央附近，树和庙都会迎来想要被赐福的人，尤其是无子的夫妇。

然而，这个物种不只是壮观且神圣，它还极为有用。树液是多种治疗皮肤疾患，从割伤到水疱和瘀青的传统药物的成分，还被用来缓解牙痛，用作催情剂，以及促进头发生长和治疗蛇咬。它还被加入治疗咳嗽、呕吐、腹泻甚至最严重的疾病如霍乱和痢疾的药物中。如今，人们正在研究它治疗糖尿病的潜力。

身体和灵魂

　　孟加拉榕的木材很硬，可用于制作各种日常器具，而树皮中的纤维用于制造绳索和纸张。源自这种巨大乔木最令人惊叹的一种产物或许是"虫胶"（shellac），法式抛光漆的一种重要配料。这种宝贵的产物来自生活在这种树里的雌性虫胶昆虫分泌的一种树脂状分泌物，它还有着广泛的用途。除了抛光漆，虫胶还出现在清漆、底漆和木材油饰产品里，用于药物、糖果、衣物、化妆品、腕表甚至烟火中，甚至连老式留声机唱片也曾经用它制造。

乳香

Frankincense

=====

乳香无疑是世界上最早和最为著名的圣诞贺礼之一。千百年来，这种芳香树脂一直为空气和我们的生活增添香味。当它根据《圣经》记载被奉为耶稣降生时的三大礼物之一时，乳香树脂拥有与另一件礼物黄金相当甚至更高的价值。实际上，乳香的贸易史长达 5000 年，很可能主要起源自阿拉伯半岛。它是多种宗教的仪式中必不可少的成分，古埃及人也进口它，用在神庙和制作木乃伊的过程中，还用作药物。

乳香树属（*Boswellia*）的数个物种可以产生这种珍贵的树脂，但所产树脂品级最高的阿拉伯乳香（*B. sacra*）原产阿曼西南部和也门南部，以及非洲东北部的索马里和埃塞俄比亚。它是落叶小乔木，可以长到 8 米高，生长在石灰岩山坡上的干旱灌木丛林带以及夏季经常被云雾淹没的海滨丘陵中。树形通常为多干式并有宽阔的垫状基部，有助于在严酷的多岩石地形中提高稳定

性，树皮纸状剥落，树枝纠结。如果树皮受伤，这种树会分泌一种油胶树脂（oily gum-resin）作为天然屏障，防止任何有害物质进入体内。这种树脂呈乳白色泪滴状，沿着树干向下流淌，硬化后变成红棕色或金棕色。

至今仍有乳香树生长的地区包括联合国教科文组织在阿曼认定的世界遗产地，名为"乳香之地"（Land of Frankincense）。该区域曾是"熏香之路"（Incense Trail）的起点，这是一条陆地贸易路线，商人沿着它将这种树脂运输到美索不达米亚和地中海的市场，而且它还与其他重要贸易路线相连，例如丝绸之路。乳香为阿拉伯以及更远

上图：乳香树拥有复叶和淡黄色小花。它们在大约长到 10 岁时开始产出树脂。

对页图：神话传说中的凤凰据说在乳香树的树枝上筑巢，并以泪滴状树脂为食。

的地方带来了巨大的财富，位于约旦的佩特拉古城就是纳巴泰人用熏香贸易赚到的钱建造的。它是如此重要，以至于几位古典时代的作家都曾提到它的起源、收获和用途，包括希罗多德、泰奥弗拉斯托斯和老普林尼。

乳香至今仍然按照传统方式从树皮的切口采集。这种树脂缓慢地从伤口渗出，几天之后才会形成能够割下的半透明凝块，再花两个星期的时间晾干，接下来就可以出售了。虽然这些有香味的颗粒尺寸很小，但一棵树的年产量可以达到好几千克。在千百年可持续的收获之后，最近香水行业导致的全球需求的增长目前对索马里等地野生乳香树的生存造成了威胁。

除了用于熏香，乳香还被溶解在水里，治疗发烧和咳嗽、溃疡、恶心和消化不良以及其他病症。如今它在阿曼依然用在香体剂和牙膏中，还用于焚烧驱蚊。更加浪漫的是，传说中凤凰将巢建在乳香树的树枝上，以它的泪滴状树脂为食。

乳香

山楂

Hawthorne

作为一种极为多刺的灌木状小乔木，常常见于欧洲北部绿篱中的山楂树很容易被忽视，因为它是乡村景观无处不在的组成部分。虽然很可能被忽视，但是山楂和历史、文化、民俗以及宗教有着悠久而密切的联系，这种联系可以追溯到史前时代。点缀在树林和绿篱中的它还是景观自然生态的重要部分，春天开满繁花，秋季供应大量红色浆果。

……山楂和历史、文化、民俗以及宗教有着悠久而密切的联系，这种联系可以追溯到史前时代。

山楂又称"五月花"（mayflower），因为它在五月开花，白色小花带有玫粉色晕，着生在鲜绿色深裂叶片之上，构成朵朵翻滚的云团。它与古凯尔特节日五朔节关系紧密，如今这一天是许多国家的假日。在基督教出现之前的异教时代，五朔节是个喧闹的节日，但到19世纪时，它已经变得更加沉稳和浪漫化，届时人们围着五月柱跳舞，而且每年都选出五月皇后，并由社区的杰出成员为他们加冕。从1881年起，英国艺术评论家约翰·拉斯金（John Ruskin）开始主持切尔西怀特朗学院的五月节庆祝活动，而且他会向当选的五月皇后赠送美丽的怀特朗十字架和一根金色山楂小枝。

作为一种最高达15米的中等大小乔木，山楂引起了种类极多的迷信。例如，人们曾认为精灵将这些树当作家园，在爱尔兰和别的地方，人们认为伤害一棵孤独的山楂会让人走厄运，将它的花带进房子里也是不祥之兆，因为这预示着疾病甚至死亡。花的坏名声可能和它们浓烈的气味有关，有些人很不喜欢这种气味，尽管对于另一些人，这种气味会引起强烈的共鸣。最为人熟知的是，马塞尔·普鲁斯特（Marcel Proust）曾经用很长的篇幅详细描述了在山楂树林中的穿行，以及它们的气味引起的回忆。

对页图：对于野生动物，山楂非常宝贵。除了为鸟类提供安全的筑巢场所，还在春天为昆虫授粉者提供花蜜，为毛毛虫提供叶片，在秋天为许多鸟类和哺乳动物提供果实。这张插图展示的是一株山楂上的伯劳，摘自约翰·詹姆斯·奥杜邦（John James Audubon）的《美洲鸟类》（*Birds of America*）。

PLATE. CXCII.

Great American Shrike or Butcher Bird. LANIUS SEPTENTRIONALIS. *Male 1.º 2 Summer Plumage. Nº 3 Young or Winter Nº 4. & 5 individuals of the species.*

山楂还是一种许愿树（或凯尔特人朝圣地的圣井之树）——路人会把丝带或布条系在树枝上，还会将硬币摁进树皮，许下身体健康、爱情美满或生活顺遂之愿。它们常常长在圣地的泉水旁，在人们前往教堂或其他圣地朝圣所踏出的道路旁，也能发现很多这样的树，很快山楂树便因此声名鹊起了。在比利时的博兰，有一座献给圣母马利亚的圣堂，据说在其矗立之处的一株山楂树下，圣母曾在孩童面前显露过圣容。

在英国，最著名的山楂是萨默塞特郡的"格拉斯顿伯里荆棘"（Glastonbury Thorn）。它是单子山楂（*Crataegus monogyna*，英文名 common hawthorn）的一个品种，品种名为'双花'（'Biflora'）。顾名思义，它每年开两次花，其中一次是在圣诞节前后。根据格拉斯顿伯里修道院的僧侣讲述的故事，最初的那棵山楂源自亚利马太的约瑟的拐杖。在目睹耶稣受难之后，约瑟作为一名传教士来到英国，并在开始布道时将自己的拐杖插进地里。这根拐杖立即扎根开花。从那以后，许多树都得到了"格拉斯顿伯里荆棘"的名号，而最近种植的树据说是来自古老得多的树的插穗。17 世纪，其中一棵老树在英格兰内战期间被奥利弗·克伦威尔（Oliver Cromwell）的手下砍倒，因为它被视作迷信的象征，另一棵树被砍伐的时间近得多，是 2010 年被某个身份不明的攻击者用电锯伐倒的。

山楂是蔷薇科（Rosaceae）成员，据估计有超过 200 个山楂属物种分布在从中国到美国的北半球温带地区。最长的刺属于鸡距山楂（*Crataegus crus-galliy*，英文名 American cockspur thorn），长达 7 厘米。单子山楂是欧洲北部乡村历史不可分割的一部分。它传统上用作绿篱树木，因为它能构成迅速生长出多刺的屏障（其另一个英文名是 quickthorn，意为"快速生长的荆棘"），不让田野上的农场牲畜和其他任何东西跑出去。它对野生动物也很重要，除了为筑巢鸟类提供保护之外，还在春天为授粉昆虫提供花蜜，为毛毛虫提供作为食物的叶片，以及在秋天为

鸟类和小型哺乳动物如榛睡鼠提供果实。

虽然绿篱是乡村景观中如此重要的一部分，但在 20 世纪，它们的命运并不怎么样。二战后，延绵数十千米的绿篱被铲平，以便创造更容易运用大型机械的更大片的田野。因此山楂树如今不如从前那么常见了。万幸的是，许多人开始意识到景观和野生动物遭受的损害，而这种标志性的小乔木如今成了管理良好的乡村的象征。

桑树

Mulberry

桑树类植物一共有大约 12 个物种，全都是落叶开花乔木，属于桑科（Moraceae）。这个大科还包括许多热带乔木，例如面包果（*Artocarpus altilis*，英文名 breadfruit）和无花果（*Ficus carica*，英文名 edible fig）及其众多近缘物种。多种桑树生长在非洲热带地区以及亚洲和北美洲温带地区，但如今种植在花园中的两个重要物种是起源于中亚的黑桑（*Morus nigra*，英文名 black mulberry）和来自中国的白桑（*Morus alba*，英文名 white mulberry），后者作为丝绸产业不可或缺的一部分已经在中国栽培了 4000 多年。

雄性菜荑花序有一项令人吃惊的本领，它们以高速释放花粉闻名。雄蕊仿佛石弩，以大约每小时 560 千米的速度将花粉抛射出去……。

白桑是一种生长迅速的小型至中型乔木，拥有不规则伸展的树冠和崎岖多瘤的树干。它的叶片在大小和形状上可以出现相当大的变异，从边缘光滑到一侧浅裂再到两侧浅裂都有可能。雄花和雌花通常生长在不同的树上，雄性菜荑花序有一项令人吃惊的本领，它们以高速释放花粉闻名。雄蕊仿佛石弩，以大约每小时 560 千米的速度（声速的一半）将花粉抛射出去，让这种抛射成了整个植物界目前观察到的速度最快的运动。果实的形状像黑莓，幼嫩时呈白色，成熟时变成酒红色或紫色。据说它们未成熟时有毒，成熟时的味道和黑桑相比颇为平淡。

黑桑是一种外表庄严的长寿乔木。随着树龄的增长，虬结多瘤的树干常常倾斜成一定的角度，必须用杆子提供支撑。长着心形叶片的树枝向四周伸展，有时垂向地面，结有几乎呈黑色的深紫色肉质果实。果似树莓，有一种略带酸味的独特味道，常常是种植这种树的原因。

这两种桑树常在栽培时弄混，因此有些种植对于其预期用途而言是错误

对页图：黑桑起源于中亚地区，如今常常因其美味的果实种植在花园里。老树会有非常多瘤的树皮和垂向地面的树枝，这些树枝可能会在地上生根。

Plate 126.

The Mulberry Tree

Eliz. Blackwell delin. sculp. et Pinx.

1. Cluster of Flowers
2. Flower separate
3. Fruit
4. Seed

Morus - nigra vulgaris

桑树

的。英格兰国王詹姆斯一世（James I）在 11 世纪犯下的正是这样的错误，当时他想与意大利及法国的丝绸产业竞争。英格兰进口了数千棵桑树，然后国王在白金汉宫以北的一座花园兴建了占地 1.6 公顷的桑林。栽培养护这些树的人被称为"国王的桑树管家"。1609 年，詹姆斯一世给自己的郡治安长官们写信，鼓励他们种植桑树，为生产精美丝绸的家蚕（Bombyx mori）提供食物。遗憾的是，种下的都是黑桑；虽然蚕也吃黑桑，但它们更喜欢白桑的叶子（法国人意识到了这一点），于是丝绸产业没能在英国获得成功。

　　这也许是个错误，但若是如此，这也是个幸运的错误，因为黑桑在英国生长得更好，而且实际上早在詹姆斯一世即位之前就已经有栽培了。古罗马人认为这种树结出的桑葚是真正的美味，还将它们用在药物中。时至今日，黑桑葚仍因可制作蜜饯和饮料备受重视，很受冰激凌制造商和杜松子酒酿造商的青睐。但是要警告一下，采摘时必然会有汁液从成熟的果实中渗出，这种汁液可将任何衣物永久染成红色。

古罗马诗人奥维德（Ovid）在他的《变形记》（*Metamorphoses*）第四卷中解释了这种果实惊人的颜色，这个解释后来被莎士比亚的《仲夏夜之梦》（*A Midsummer Night's Dream*）采用。在奥维德讲述的这个关于禁忌之爱的故事中，皮拉摩斯（Pyramus）和提斯柏（Thisbe）计划在一棵桑树下秘密结婚。在一头狮子出现后，首先抵达的提斯柏逃离了这个会面之地；在逃走时，她遗落的围巾被狮子撕破并沾染了血迹。然后皮拉摩斯发现了染血的围巾，以为爱人已死，他举刀自杀，鲜血将桑树的白色果实染成深红。从那一天起，桑树果实的汁液就一直是深宝石红色。

身体和灵魂

皂皮树

Soap bark tree

━━━━━━━
━━━━━━━

皂皮树（*Quillaja saponaria*）生长在智利中部的干旱森林中，在过去它为安第斯山脉的居民提供一种非常有用的产品，并且直到今天还作为一种非常宝贵的商业作物被精心收获。与拉丁学名种加词 *saponaria*（意为"肥皂"）和中英文名字相符的是，皂皮树的内树皮干燥磨碎之后，可以用来制作一种温和的天然肥皂。它含有皂苷，这些皂苷与水混合时起泡，可以用来清洁各种东西。

由于来自这种树的皂苷其成分安全、稳定，去污效果极佳，因此它们如今出现在多种产品中，包括香皂和洗发液。或许更令人惊讶的是，皂皮树的提取物如今还用作气泡饮料和根汁汽水的起泡剂，以及甜点和糖果等食物的配料之一。它们甚至还被用在灭火器和喷洒型农药中，还曾经是胶卷洗印药水中的成分。然而，皂皮树的众多用途不止于此，因为人们最近发现这些皂苷可以增加某些动物疫苗的效力。研究人员将高度纯化的提取物作为"辅助剂"加入这些疫苗进行测试，结果显示加入极少的剂量就能增加疫苗的功效。

皂皮树是中型常绿乔木，开漂亮的白色花。皂皮树属的属名 *Quillaja* 来自当地智利语对它的称呼。在栽培和收获这种树的智利，种植者总是很小心，在为期 5 年的一个周期里对一棵树的收获绝不超过它的 35%。这样的修剪促进新的生长，实现可持续的收获。在它的故乡，这种树在治疗胸肺病的传统医药中有漫长的应用历史。人们还在继续研究皂皮树在现代医药中的应用，所以可能会有新的产品或药物从这种天然智利宝藏中开发出来。

对页图：皂皮树拥有硕大的革质常绿叶片和精致的白色花。它的树皮含有皂苷，可以提取出来，制成一种天然肥皂，但也可用在清洁产品、起泡饮料甚至疫苗中。

红木

Annatto

虽然似乎有点奇怪，但一种拥有鲜艳橙红色种子的南美树木的确与某些奶酪以及口红有关。实际上，它与许多其他常见的食物和化妆品都有关系。红木（*Bixa orellana*，英文名 annatto 或 achiote）是一种小型常绿乔木，可以长到 30 米高。它拥有宽阔的心形叶片和粉白色花，花有一簇醒目的粉色雄蕊。

受粉后，花发育成一种多刺蒴果，果实成熟时开裂，露出数十粒有棱角的红色种子。这些种子可以制成一种有用的红色染料，因为它们含有一种名为胭脂树橙（bixin）的可溶性色素。如今，胭脂树橙是第二重要的天然着色剂，仅次于番红花（按照经济价值）。

南美洲古人使用红木的历史有千百年之久，除了为食物染色和增加风味，还将红木用作身体彩绘的涂料。阿兹特克人将它加入他们的巧克力饮品中。

南美洲古人使用红木的历史有千百年之久，除了为食物染色和增加风味，还将红木用作身体彩绘的涂料。阿兹特克人将它加入他们的巧克力饮品中。而在 16 世纪的墨西哥，红木被用于制作手稿绘画使用的红墨水。这些传统还在继续，因为南美洲国家的原住民居民仍然使用这些颜色鲜艳的种子为头发、衣服和食物染色，或者与油脂混合后作为身体涂料使用。除了具有装饰性之外，抹在身上的红木涂料还可以起到防晒和驱虫的效果。千百年来，它还是传统药物中的成分，树皮、树叶和种子都曾用于治疗多种常见疾病和症状，例如眼睛酸痛、瘀伤和创伤，用作祛痰剂甚至泻药。这种树如此有用，以至于在如今生长的地区，它得到了许多不同的名号。

红木的贸易始于 17 世纪，而在 18 世纪时，它在西班牙用作丝绸工业中的染料。它的种加词 *orellana* 纪念的是西班牙探险家和征服者弗朗西斯科·德·奥雷利亚纳（Francisco de Orellana）。如今，红木广泛栽培于热带地区，从原

右图：多刺的蒴果含有数十粒鲜红色棱角状种子，它们是一种使用广泛的天然染料的来源。

产地巴西到加勒比海，再远至印度和斯里兰卡。而在世界各地，很多人正在不知不觉中食用或使用红木，因为它出现在各种食物和化妆品中，例如奶酪、黄油和人造黄油，爆米花、蛋奶沙司、糖果和麦片等零食，以及洗发液、护肤品和化妆品中——实际上，这种树的另一个名字是"口红树"（lipstick tree）。作为一种经济作物，来自这种森林小乔木的天然红色染料有着庞大的全球市场，并在远离其自然分布区之外的地方产生了巨大的商业影响。

红木

上图：美洲红树（Red mangrove）

世界奇观

树木对我们的想象力施加强大的影响。我们为最极致的树木着迷，惊讶于世上竟有如此高大、古老、巨硕、珍稀、美味或美丽的事物。这些树赢得了我们的尊重和钦佩，并充当所有树的代表。世界上某些最庞大、最令人难忘的树，例如红杉、新西兰贝壳杉、智利乔柏和桉树，是其自然分布区的标志或民族象征。它们代表了这些地区的自然历史和多样性，并为我们提供了一扇观察其他世界和时代的窗口。

北美红杉、花旗松和杏仁桉长期以来一直在争夺全世界最高树木的美誉，而且每一棵最高的树都拥有自己的名字。如今这项殊荣属于一棵名叫"许珀里翁"（Hyperion）的北美红杉，它矗立在加利福尼亚州的红杉国家公园，高约 115.9 米。但是树木无时无刻不在变化，在附近等待测量的其他树木也许有更高的，这样的想法不禁令人兴奋。

当然，高度并不是一切。此外还有体积最大的树，比如一棵巨杉；质量最重，一棵名叫"潘多"（Pando）的美洲山杨；更不用说最古老的树，一株长寿松，其名字恰如其分地叫"玛士撒拉"[注]（Methuselah），尽管确定树木的树龄仍然是一个让专家产生争执的话题。在我们的历史上，这些个体早已历经无数代人的生命，生长得越来越高大和强壮，而我们的生命周期相较之下却显得如此短暂，一想到这里，便不由令人感到深深的震撼。

有些物种拥有吸引我们的其他有趣甚至古怪的特性，例如榴梿，人们普遍认为它拥有全世界气味最臭的果实，但是许多人还认为它的果实非常美味。非凡的海椰子保持着数项纪录，最著名的是拥有最大和最重的野生果实。红树令我们惊讶的本领在于，它高度适应自己选择的特定生态位，即潮汐咸水，很难相信任何植物能够在这里欣欣向荣。另一些树木抓住了冒险和探索精神，从第一批踏足澳大利亚的欧洲人遇到的独特的班克木，到从中国野外搜集的庄严的珙桐。最近对包括水杉在内的科学界长期认为已经灭绝的物种的重新发现令全世界的人都为之激动。

幸运的是，人们对树木的兴趣似乎正在增长并蓬勃发展，并意识到树木对我们的重要性。愿树木长久地继续令我们着迷和愉悦。

[注] 玛士撒拉，即《圣经》中提到的一位极为长寿的族长。

杏仁桉

Mountain ash

＝＝＝＝＝＝

杏仁桉（*Eucalyptus regnans*）的英文名 mountain ash（意为"山白蜡"）相当有误导性，它根本不是一种 ash（白蜡）。包括 swamp gum（"沼泽胶树"）和 stringy gum（"黏稠胶树"）在内的其他英文名更恰当，因为它是桉属（*Eucalyptus*）物种，该属是桃金娘科的一个大属，包括常绿开花乔木和灌木，常统称"胶树"（gum trees）。桉树是一个庞大且多样的类群，有超过 700 个物种，而在澳大利亚的天然树木植被中，桉树森林的面积超过 9200 万公顷。这些不同的物种彼此之间很难区分，除非你是受过充分训练的分类学家，否则它们的外表看上去都非常相似。另外两个亲缘关系紧密的属曾经也是桉属成员，但是它们在 1995 年被有争议地划入各自独立的属。伞房桉属（*Corymbia*）是一个拥有约 113 个物种的类群，包括各种"血木"（bloodwood）、"幽灵胶树"（ghost gums）和"斑点胶树"（spotted gums）。而杯果木属（*Angophora*）包括约 22 个物种，统称"锈色胶树"（rusty gums）。但它们仍然全部都是桉树。

该属在 1788 年由法国植物学家和地方治安长官夏尔·路易·莱里捷·德·布吕泰勒（Charles Louis L'Héritier de Brutelle）首次描述，他命名了第一种桉树，褐顶桉（*Eucalyptus obliqua*，英文名 messmate stringybark）。这棵桉树是在 1777 年的詹姆斯·库克第三次远航途中，由园艺家兼植物学家大卫·纳尔逊在塔斯马尼亚附近的布鲁尼岛上采集的。它被带回英国皇家植物园邱园，当时莱里捷正在那里工作。其属名是希腊语单词 eu 和 calyptos 的结合，前者意为"充分地"，后者意为"被覆盖"，描述的是开花之前将花蕾隐藏起来的果盖。

杏仁桉原产塔斯马尼亚岛和澳大利亚东南部的维多利亚州，在这些地方，它可以长到 70 米至 114 米高，令它成为全世界最高的阔叶树。它那高大、笔

对页图：原产塔斯马尼亚岛和澳大利亚东南部的维多利亚州，杏仁桉这种桉树是全球第二高的树木，仅次于北美红杉，但它是全世界最高的阔叶树。

直的树干覆盖着光滑的灰色树皮，只有树干底部和基部是粗糙的，呈纤维状。有光泽的灰绿色叶片随着树龄的增长改变形状，树木成年时叶片变得更像披针形，进入这个阶段之后还会在春末开白花。

杏仁桉在 1871 年被维多利亚时代的植物学家费迪南德·冯·穆勒（Ferdinand von Mueller）男爵描述为"最崇高的树……高得惊人"。他将这个物种的种加词命名为 *regnans*，这个词在拉丁语中意为"统治的"，指的是这些树的高度和强势。1871 年发现于维多利亚州瓦茨河地区的"弗格森树"（Ferguson Tree）的测量结果是 132.6 米，据说是有记载的最高杏仁桉，但这次测量是在这棵树倒下之后用测量员的尺子在地上进行的，因此被认为不那么可靠。如今已知最高的活体杏仁桉名叫"百夫长"（Centurion）。它是在 2008 年被发现的，生长在塔斯马尼亚南部的森林中，高 99.82 米。它是全世界第二高的树，仅次于北美红杉（217 页）。这个桉树物种以纯群丛（同类群落联合）的方式生长在潮湿雨林中，而且和许多其他桉树不同，它没有木块茎（lignotuber），根冠处的一种木质膨大结构，含有火灾过后可以重新萌发新枝的芽。因为它不能以这种方式再生，它只能通过种子繁殖。木质化蒴果（gumnuts）被烈火的热量打开，释放出种子。通过这种方式，每公顷可以产生多达 250 万株幼苗，而且火灾产生的灰烬是它们的天然肥料。

杏仁桉的树干长而笔直，没有节瘤，生产一种黄色至浅棕色木材，拥有美丽的纹理，非常经久耐用。早期殖民者给这种树起了另一个名字"塔斯马尼亚栎树"（Tasmanian oak），因为他们认为这种木材的强度可以和夏栎（37 页）相比。它很受建筑师、建筑工人和家具制造商的青睐，被砍伐后用作镶板、地板、饰面和胶合板以及普通建筑工程。如果作为观赏树木种植在自然分布区之外，杏仁桉并非完全抗寒，需要温和的气候才能存活和发挥自己最大的潜力。桉树在园艺学家和花园设计师当中的名声不好，因为它是一种生长迅速并大量吸水的树木，而根系很不稳定，这意味着当它们成年之后，很容易被风吹翻。它们还很难融入北半球的树木景观中，因为它们拥有独特的蓝色树叶和不同寻常的漂亮树皮。19 世纪中期以来，最常种植的桉树是冈尼桉（*E. gunnii*，英文名 cider gum）和雪桉（*E. pauciflora* subsp. *niphophila*，英文名

木质化蒴果被烈火的热量打开，释放出种子。通过这种方式，每公顷可以产生多达 250 万株幼苗……。

世界奇观

snow gum），但是随着气候变化和预测中气温的升高，这些美丽的观赏树木将来可能会有更多物种在花园里找到自己的位置。

右图：桉属在 1788 年由夏尔·路易·莱里捷·德·布吕泰勒首次描述，如今包括超过 700 个物种。它们的外表都很相似，成年树常常拥有长披针形常绿蜡质叶片。

对页图：桉树油是用蒸汽蒸馏法从桉树的叶片中提取的，可用作工业溶剂、消毒剂、体香剂，还可以小剂量添加到糖果、咳嗽糖、牙膏和解充血药中。

杏仁桉

智利乔柏

Alerce

壮观的智利乔柏（*Fitzroya cupressoides*）是生长在智利和阿根廷的瓦尔迪维亚雨林的一种生长缓慢但长寿的珍稀松柏类植物，它是南美最大的乔木物种，可以长到 60 米高，树干直径可达 5 米。在自然环境中，它会长成一棵庄严的单干式树木，拥有茂密而不平衡的角锥状树冠。它通常生长在海拔 1000 米和 1500 米之间的湿润林中，与南青冈（Nothofagus，英文名 southern beech）和火地柏（*Pilgerodendron uviferum*，英文名 Guaitecas cypress）混生在一起，并且经常被误认为是火地柏。

智利乔柏的木材曾作为一种货币使用，称为"智利乔柏雷亚尔"。

作为智利乔柏属（*Fitzroya*）的唯一物种，它的属名是查尔斯·达尔文为了纪念罗伯特·菲兹洛伊（Robert Fitzroy）而命名的，后者是达尔文在为期五年的探险航行中乘坐的皇家海军舰艇"小猎犬号"（Beagle）的船长，这次航行的目的地是南美洲，包括加拉帕戈斯群岛和火地岛。据信在这次航行中，达尔文遇到了一棵直径 12.6 米的智利乔柏。这种令人难忘的树有个英文名是 Patagonian cypress（"巴塔哥尼亚柏树"），但是它更为流行的本土名字是 alerce，即西班牙语中意为"落叶松"（larch）的词。正如常常发生在俗名上的情况，这个名字令人困惑，因为落叶松是落叶松柏，而智利乔柏是常绿树，拥有轮生针状叶。许多拥有智利乔柏的国家公园如今都将其称谓用在自己的名字里，例如位于智利洛斯里奥斯地区（Los Rios）瓦尔迪维亚附近的智利乔柏科斯特罗国家公园，以及位于湖大区（Los Lagos）的智利乔柏安蒂诺国家公园。

智利乔柏长期以来因其木材受到重视，除了制作船只桅杆和家具，这种木材还用于建筑业，但是在 16 世纪西班牙人抵达之后，这种树的砍伐量大

对页图：这种树的通用俗名令人困惑，因为"alerce"在西班牙语中意为落叶松，而落叶松是落叶松，智利乔柏是真正的常绿树，短短的针状叶优雅地从树上垂下。

智利乔柏

大增加，如今成了濒危物种。奇洛埃岛曾经覆盖着茂密的森林，智利乔柏在岛上很常见，但是由于故意制造的野火和人工排水系统令岛上环境变得干旱，如今这些树大都死亡或者变得很稀少。很多树还被砍伐并制成木瓦，用于在奇洛埃岛的殖民地建造传统的奇洛塔式建筑。这些极受青睐的木瓦耐腐蚀和虫蛀，还是与秘鲁进行互换贸易的主要商品。智利乔柏的木材曾作为一种货币使用，称为"智利乔柏雷亚尔"（Real de Alerce）。

由于如此大规模和不可持续的砍伐，尤其是在 19 世纪和 20 世纪，如今智利乔柏在它们的自然生境中变得较为罕见。但是还存在着一些希望，因为保育工作正在智利的多座国家公园以及国际上的许多植物园和资源库中进行，以保存这种美丽的树，防止它灭绝。1973 年，智利乔柏受到《濒危野生动植物物种国际贸易公约》的保护，其木材的国际贸易受到禁止。1976 年，这种树被宣布为智利的国家历史文物，砍伐活体树被视为非法行为，但偷砍偷伐仍时有发生。

树龄最大的已知现存个体名为"祖父"（Gran Abuelo）或"千禧智利乔柏"（Alerce Milenario），是 1993 年在智利乔柏科斯特罗国家公园发现的，据推测已经活了 3644 多年。有些现在还活着的树可能更老，但它们的年轮无法数清，因为树干是空的。这让智利乔柏成为活体乔木纪录中第二古老的物种，仅次于加利福尼亚怀特山中的长寿松。

智利乔柏在 1849 年被威廉·洛布（William Lobb）引入栽培，他是来自康沃尔郡的植物搜集者，为英格兰西南部埃克塞特郡的维奇苗圃（Veitch Nurseries）工作。如今智利乔柏在欧洲作为观赏植物种植。如果能够在背风向阳处得到肥沃、湿润但排水良好的土壤，它可以在这种完美的生长条件下长成多干式灌木状小乔木，蓝绿色树枝优雅地低垂。不过虽然在花园环境中显得非常漂亮，但是这样无法与在智利自然环境中生长出的大小和高度相提并论。

长寿松

Bristlecone pine

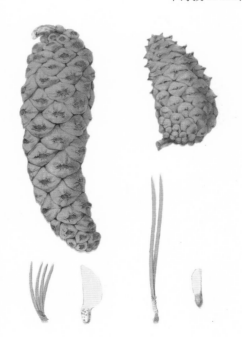

下图：长寿松的长圆柱形球果需要大约 16 个月才能成熟，呈现出橙色至浅黄色。每一枚鳞片都有一根刚毛状刺，鳞片打开后释放出种子，种子主要由风传播，不过一种名为北美星鸦的鸟也是种子的传播者。

　　玛士撒拉，赛思[注1]的后代，以诺之子，拉麦的父亲和挪亚的祖父，据《圣经》所言他活了 969 年，他是《圣经》中最伟大的族长和活得最久的人。这样看来，以"玛士撒拉"之名称呼一棵全世界已知最古老的非克隆（有性生殖）树木是很恰当的。2018 年，这棵长寿松（*Pinus longaeva*）据估已有 4849 岁。算起来，它是在公元前 2831 年由一粒种子萌发的，此时埃及金字塔都还未建造。它的确切位置是保密的，以防止太多游客将根系周围的土壤踩实或者通过拿取活体材料伤害它。不过，它就生长在加利福尼亚州怀特山中海拔 2900 米至 3500 米的某个地方，该地位于因约国家森林的玛士撒拉林。

　　其英文名字面意思为"刺果松"，来自雌球果上的刺[注2]。长寿松通常不高，最多 16 米至 18 米高，拥有粗厚的鳞片状树皮和扭曲的枝干，许多枝干甚至光秃秃的。通过检查年轮，科学家爱德华·舒尔曼（Edward Schulman）首先发现这种树的树龄很高。舒尔曼的导师 A.E. 道格拉斯（A. E. Douglass）在亚利桑那州罗威尔天文台开创了树轮年代学，这是一种以树木年轮研究为基础测定树龄的科学方法，可用于确定气候事件的时间，从而得到树对环境变化的记录。

　　1953 年，当舒尔曼在怀特山进行野外调查时，他发现了所有长寿松中最大的这一棵，就生长在海拔 3353 米的林木线之下一点的地方。这是一棵粗壮的树，只有 12.5 米高，巨大且有沟槽的身躯由愈合在一起的多根树干构成，总围长达 11 米。一位当地护林员叫它"酋长树"（Patriarch

　　　　世界奇观

对页图：生长在加州怀特山的高处，古老的长寿松在十分荒僻而且几乎寂静无声的景观中彼此分得很开，周围几乎不生长任何东西。死树枝比活的还多，这些虬结多瘤的树木是独具魅力的存在。

Tree），将它生长的小树林称为"酋长林"（Patriarch Grove）。这里的景观就像月球表面，周围干旱的土地上只有其他虬结多瘤的长寿松、软叶五针松（*Pinus flexilis*，英文名 limber pine）和西美圆柏（Sierra juniper）。拥有冬季严寒和夏季酷暑，终年强风，几乎没有降雨，含有大量白云石的白色石灰岩质土壤能够生长的植物寥寥无几，这里的环境严酷得不可思议，只有最强悍的植物才能生存。但这种树生存下来了，而且到目前为止生存了很长一段时间。

在舒尔曼发现"酋长树"4 年之后，经过进一步的野外考察并使用钻孔器从更多活体树上采集木芯样本，舒尔曼和他的助手莫里斯·E. 库利（Maurice E. Cooley）发现了第一棵寿命超过 4000 年的树。他们给它起名叫"阿尔法松"（Pine Alpha），它是玛士撒拉林中的 17 棵松树之一，它们也许全都超过了 4000 岁，包括"玛士撒拉"。实际上，舒尔曼对一棵很有可能更古老的长寿松进行了采样但从未研究过它，它的寿命可能超过 5000 岁。不幸的是，舒尔曼在 1958 年突然死于心脏病发作，年仅 49 岁。描述自己惊人发现的文章在他身后发表于美国《国家地理》（*National Geographic*）杂志。

一个经常被问到的问题是：这些树如何在如此极端严酷的环境中生存并且生存了如此之久？有很多理论。其中之一是，因为极端的生长条件，它们远离彼此，这意味着不存在扩散的野火将它们一起摧毁的危险，而且几乎没有其他物种来争夺资源。另外，由于生长季短暂，它们倾向于长出致密耐久且富含树脂的木头，更耐真菌腐蚀和虫蛀。而且即使一棵树被雷电击中受损，裂成小条的活树皮，舒尔曼称之为"生命线"（lifelines）也能让这棵树活下去。

长寿松有另外两个亲缘关系非常紧密的物种：生长在科罗拉多州、新墨西哥州和亚利桑那州的刺果松（*Pinus aristata*，英文名 Rocky Mountains bristlecone pine），以及加利福尼亚州特有的狐尾松（*Pinus balfouriana*，英文名 foxtail pine）。二者都很长寿，但它们都没有达到长寿松[注3]那样的树龄。不幸的是，由于气候变化、温度上升、外来真菌病害和松蛀虫的侵袭，刺果松类物种面临着不确定的未来，但这些树是真正的生存高手。

[注1] 亚当的第三个儿子。
[注2] 中文名长寿松来自拉丁学名种加词 *longaeva*，意为"长命的"。
[注3] 长寿松或译大盆地刺果松，来自另一个英文名 Great Basin bristlecone pine。实际上 bristlecone pines 可泛指上述三个物种。

烛台班克木

Candlestick banksia

───

1770 年 4 月 29 日，首批欧洲人踏足澳大利亚大陆。这群人包括画家悉尼·帕金森（Sydney Parkinson）和不知疲倦的博物学家约瑟夫·班克斯（Joseph Banks）和丹尼尔·索兰德（Daniel Solander），他们在詹姆斯·库克的带领下分秒必争地开始搜集和记录这片新土地令人惊讶的植物群。因为他们在"奋进号"（Endeavour）上装载并运回了数量庞大的标本，库克将他们首次登陆的地方命名为植物学湾。

在这艘船胜利地返回英国之后，描述所有被采集的标本并为它们科学命名的任务就开始了。一个新的植物属被命名为班克木属（*Banksia*），以纪念班克斯。班克斯在这次航行中一共采集了 5 种不同的班克木，但是如今我们知道这些不同寻常的植物有大约 170 个大小不一的物种，既有小灌木，也有高达 30 米的乔木。作为澳大利亚干旱灌丛带和森林中的典型植物，班克木是这些生境不可或缺的生态组成部分。它们的花提供的花蜜对于众多昆虫、鸟类、无脊椎动物和哺乳动物而言是宝贵的食物来源，而这也意味着班克木不缺少授粉者。

烛台班克木（*Banksia attenuata*，也称为 slender banksia）原产西澳大利亚州西南部，在澳大利亚大陆上，该地区位于班克斯首次见到以自己的名字命名的植物其发现地的另一侧。这个物种是大约 30 年后由著名苏格兰植物学家罗伯特·布朗（Robert Brown）发现的，他在 1801 年至 1805 年间跟随马修·弗林德斯船长（Captain Matthew Flinders）一起探索澳大利亚，同行的还有邱园园艺家彼得·古德（Peter Good）和著名植物学画家费迪南德·鲍尔（Ferdinand

每年春天，高大笔直的鲜黄色花序都会出现，它们从叶片上方伸出，点缀在树上，仿佛老式圣诞树上的烛台。

对页图：烛台班克木长出高而细长的花序，花中富含花蜜，吸引多种饥饿的授粉者。花凋谢后结外表奇特的木质种荚。

Bauer）。布朗对澳大利亚植物所做的研究工作非常重要，他描述并命名了大约 1200 个物种。

在班克木属这个大属中，烛台班克木是一个美丽的代表。它可以长到大约 10 米高，有典型的波浪形或起伏状主干，上面覆盖着一层厚厚的橙灰色树皮。它漂亮的灰绿色树叶细长且有锯齿，末端渐尖（种加词 attenuata 由此而来，意为"薄的"或"狭窄的"），背面呈浅灰色。但令该物种闻名的是它的花。每年春天，高大直立的鲜黄色花序（由较小的单花构成的穗状花序）都会出现，它们从叶片上方伸出，点缀在树上，仿佛老式圣诞树上的烛台。这些令人过目难忘的花序可以长到 30 厘米高，从底部向上依次开放，为多种饥饿的授粉者提供连续不断的大餐，有蜜蜂和蚂蚁，还有蜜貂和食蜜鸟等。对于当地原住民，烛台班克木被称为 piara 或 biara，他们用花制作一种提神饮料，还用花治疗咳嗽和感冒。

在西澳大利亚州，烛台班克木是分布最广泛的班克木，而且是开阔半干旱桉树林中的关键元素。据估计烛台班克木可以活 300 年之久，而且和这种生境下的许多其他物种一样，对于火灾，它拥有很强的复原能力。它不但能够通过树干上特殊的休眠不定芽以及地下木块茎的萌发撑过丛林野火，而且它外表奇特的种荚（果序）也进化得能够在野火中生存。这些种荚由授粉的花序发育而来，它们拥有显著的口状开口，称为蓇葖（follicles），这种结构会一直保持紧闭，直到遭受高温和烟雾为止。这种具有进化意义的小把戏意味着种子只会释放到富含草木灰的适宜环境中，等待雨水滋养它们的生长。如今已知凤头鹦鹉会带走种荚，并且被认为有助于传播种子。

烛台班克木的生长地区是一处已知的生物多样性热点地区。它拥有类似的中海的气候但正在变得更加干旱和炎热，火灾变得更加不可预测和更具毁灭性。研究表明，烛台班克木拥有大约 1900 万年的进化史，肯定有能力适应过去的气候和环境变迁，所以我们希望这个标志性的物种也能经受住未来的变化。

珙桐

The handkerchief tree

作为 19 世纪末至 20 世纪初最令人兴奋的植物学发现之一，珙桐（*Davidia involucrata*）在任何花园环境下都是一种令人着迷和愉悦的树。那么想象一下，在中国物种丰富的温带群山森林中，首次见到长在自然生境中的珙桐，西方人会有怎样的兴奋感受。在 1869 年，这项特权属于法国遣使会传教士、热忱的博物学家和植物学家谭卫道（Armand David）神父，他将第一批干制蜡叶标本寄到了巴黎。1871 年，它被宣布为新物种，并以他的名字命名。

花和伴随它们的苞片……仿佛巨大的蝴蝶或小鸽子，在树间翩跹起舞。

接下来的挑战是获得包括种子在内的活体植物样本，以便将这种最值得拥有的树木引入栽培。1899 年，20 世纪初最为成功的植物猎人欧内斯特·威尔荪得到一项任务，即搜寻并采集植物学家奥古斯汀·亨利（Augustine Henry，中文名为韩尔礼）所述的植物。奥古斯汀·亨利在上海担任大清皇家海关助理医官与关税助理，他曾前往湖北省宜昌的神农架搜集中药所用植物的相关信息，还将超过 1.5 万份干制蜡叶标本寄回邱园标本馆供研究和展览，其中就包括珙桐。亨利向皇家植物园邱园的园长威廉·西塞尔顿·戴尔爵士（Sir William Thiselton Dyer）和维奇苗圃公司的哈利·维奇爵士（Sir Harry Veitch）恳求，派个人到中国来搜集他在这里发现的众多优雅美好的树木。

威尔荪被选中完成这项任务，因为他是一名积极进取、身体健康的园艺家，拥有鉴赏园艺植物的好眼力，尽管他从没出过国，也不会说汉语。抵达中国之后，威尔荪必须先找到奥古斯汀·亨利，后者画了一张啤酒杯垫大小的地图，用于标明一棵珙桐树的确切位置，他为邱园采集的那些干制标本就来自这棵树。没有被这张小地图吓倒，威尔荪出发了，开始前往长江宜昌峡谷的危险长途跋涉。1899 年秋天，他终于来到了亨利在地图上标出的位置，却只发现一根树桩。这棵树被砍倒了，因为它的木材是村庄里一栋新房子的建筑材料。在写给西塞尔顿·戴尔的信中，亨利难掩失望之情，但他在这个地区留了下来，并在第二年，也就是 1900 年的春天，发现众多珙桐树点缀着四周群山中的森林。在那一年的 11 月，他采集了大量种子并将它们寄回维奇苗圃播种。

威尔荪写道，珙桐是花园里的贵族，"北半球温带地区所有树木中最有趣最美丽的"，他还形容，"花和伴随它们的苞片……仿佛巨大的蝴蝶或小鸽子，在树间翩跹起舞"。在看到挂在树上的这些壮观苞片时，大多数人都会立即赞同威尔荪的描述。晚春时节，苞片环抱着花，在最轻柔的微风中飘动，所以它又被称为"手帕树"（handkerchief tree）或"鸽子树"（dove tree）。珙桐是落叶乔木，而且是该属唯一的物种，可以长到 20 米高，有剥落的树皮和鲜绿

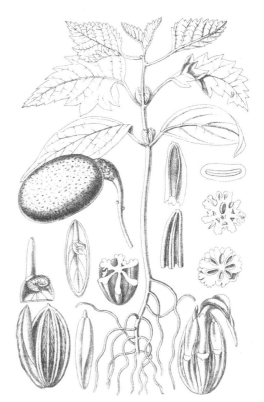

上图：人们很容易就能明白珙桐是
如何得到"手帕树"和"鸽子树"
这两个名字的。环抱小花的这对硕
大白色苞片飘动在最轻柔的微风中。

色心形叶片。小巧的红色球形花结深绿色坚果，其中含有 6 粒至 10 粒种子。

那么，谁将是最先成功地萌发种子然后将这种树引入我们的花园里的人呢？威尔荪寄来的第一批种子显然没能萌发，这些种子被丢弃在堆肥上。一年之后，堆肥上长满了珙桐幼苗，因为这些拥有坚硬种皮的种子可能需要两年才能萌发。第一次开花发生在 1911 年。然而，威尔荪并不知道的是，还有一位人称皮埃尔·法尔热（Père Farges）神父的法国人在 1897 年也采集了珙桐的种子，并将它们寄给莫里斯·德·维尔莫林（Maurice de Vilmorin），供后者将之种植在他位于法国的树木园里。但其中只有一粒种子萌发并在 1906 年开花。所以虽然威尔荪的种子不是首先开花的，但他仍然促进了这种光辉灿烂的树木更为广泛的传播。如果不是这些早期植物搜集者冒着丢掉性命和断胳膊少腿儿的危险，寻找和搜集这些植物宝藏，如今我们的花园肯定会贫乏得多。

海椰子

Coco de mer

===

不同寻常的海椰子（*Lodoicea maldivica*）是塞舌尔群岛中的两座小岛的特有物种，野外分布仅限于普拉兰岛和屈里厄斯岛的几个地方。这种棕榈类植物可以长到 25 米至 50 米高，巨大的扇形褶皱叶片长达 10 米。它那破纪录的果实质量可达 40 千克，直径半米，其中含有全世界最大和最重的种子。

这些有趣的棕榈类植物曾经是神话和传说中的东西。水手们曾经相信它们生长在印度洋水面下的海底，而且雄树会在风暴之夜拔出自己的根，走到雌树跟前拥抱她们，为硕大的花授粉。那些不幸目睹这一事件的人会瞎掉甚至死亡。Coco de mer 是法语，意为海中的椰子，这个名字很可能是因为人们曾经见过巨大的种子被冲上海滩或者在海浪中漂浮，但是果实的密度其实比水大，而种子只有在完全干燥和空心的情况下才会漂浮。海椰子又称"复椰子"（double coconuts），它们的稀有性和充满暗示的圆润形状立刻让种子备受追捧，成为贵重的收藏品。皇室和贵族将它们摆放在自己的珍品陈列柜里，常常镶嵌着精美的黄金图案。种子的贸易如今受到严格管控，它们只能在获取许可证之后才能出售，不过非法采集仍然是个问题。

虽然海椰子已经得到广泛的研究，但它仍然守卫着一些谜团和秘密。人们认为果实和它包含种子的巨大尺寸是这种棕榈类植物的地理隔离引起的，这种现象称为"岛屿巨型化"（island gigantism）。亲本植株的策略通常是利用风或某种动物将种子传播到相当远的地方，这样的话后代就不会直接竞争光和养分。但这些种子是如此沉重，它们只会落在亲本植株附近，在它们的阴影下生长。实际上，和远方的土地相比，这里的土壤含有更多营养，因为成年植株的扇形叶片极为高效地将水和溶解在水中的营养沿着树干引导至基部

对页图：海椰子破纪录的果实含有全世界最重的种子。它们曾经是备受追捧的收藏品。18 世纪 50 年代，据说一颗种子能卖到 400 英镑，几乎相当于今天的 70,000 英镑。

世界奇观

海椰子

LODOÏCEA SECHELLARUM *Labill.*

Des deux pieds représentés sur le premier plan, celui de gauche est
un pied femelle, et celui de droite un pied mâle.

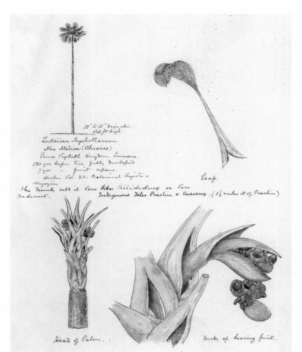

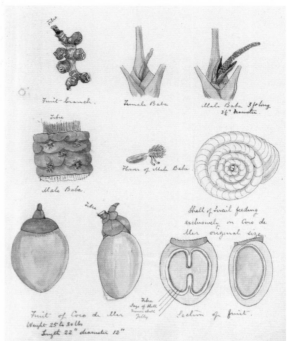

上图：这个物种的授粉机制和生态习性尚未得到详细科学的研究，所以我们仍然不知道它的花到底是如何进行授粉以便结出如此硕大的果实的。19世纪探险家和博物学家威廉·伯切尔（William Burchell）的这些草图展示了海椰子的解剖结构。

对页图：野生海椰子如今只分布在塞舌尔群岛的几个地点。个体可以长到25米至50米高，雄树拥有长达1.5米的花序。

土壤。于是海椰子群丛就这样出现了，它们通常是所在森林的优势物种。

　　海椰子的雌花序是所有棕榈类植物中最大的，而人们至今尚未完全理解花粉如何从雄树1.5米长的雄花序转移到雌树的花上。有些人认为蜂类是媒介，另一些人认为蜥蜴可能参与其中。在落下之前，种子会生长六七年才能成熟，然后子叶（萌发出的芽）出现需要更长的时间。已知最长的芽长约4米。这枚绳索般细长的芽由富含营养的种子提供养分，帮助新植株寻找扎下根系的最佳地点。

　　这种超凡脱俗的棕榈类植物如今面临人为采摘、火灾、外来害虫和人类发展的威胁。虽然已经有一些树被种植在它自然分布的岛屿附近的另一些岛上，但海椰子的总数只有大约8000个体，令这种现象级植物陷入濒危的境地。

水杉

Dawn redwood

═══════

乍看之下，水杉（*Metasequoia glyptostroboides*）或许拥有最令人望而生畏并难以发音的植物学名。但是在它的发现和命名背后是一个有趣的故事，涉及古化石和距今更近的政治事件。其属名意为"近似红杉"，而种加词来自外表相似的中国落叶树水松（*Glyptostrobus pensilis*，英文名 Chinese water cypress）的属名。别急，这个故事才刚刚开始。

水杉在英文中常称为 dawn redwood，是原产中国西部湖北省的落叶松柏类植物。它最开始以 *Metasequoia*（水杉的属名）之名得到描述是在 1941 年，命名人是日本植物学家三木茂，被命名的不是一株活体树木，而是一块拥有 500 万年历史的化石，它来自距今 533 万年至 258 万年前的上新世。就在得到鉴定时，这种树被认为已经在大约 150 万年前灭绝了，而在恐龙曾经统治地球的时代，它也曾遍布北半球。事情在这里变得更加复杂。

还是在 1941 年，在对三木茂的发现一无所知的情况下，任职于南京国立中央大学林学系的中国林学家干铎在湖北省进行一项调查时遇到了一棵巨大的不明树木，它生长在一座名叫磨刀溪（今称谋道乡）的小村庄的边缘。这棵树据当时的估计超过 400 岁，其底部建有一座小庙，很显然因其树龄和个性受到当地村民的尊崇，而且他们叫它水杉，意为"水中的杉树"。但是直到将近 3 年后，才有一位名叫王战的中国林业官员在考察该地区时采集了第一批供研究和鉴定的枝叶、球果和种子标本。

第二次世界大战推迟了进一步的研究，直到更多样本被采集并寄给郑万

> **它最开始以 *Metasequoia* 之名得到描述是在 1941 年……被命名的不是一株活体树，而是一块来自上新世、拥有 500 万年历史的化石。**

对页图：这幅画中就是 1941 年最早被发现的那株神圣的水杉，它生长在中国磨刀溪村的边缘，底部建有一座小庙。小庙和树至今都还在原地，只是围上了一圈起保护作用的混凝土栏杆。

水杉

钧教授。郑万钧是 20 世纪中国最杰出的植物学家之一，他与另一位中国植物学家、中国现代植物学先驱胡先骕教授一起讨论了这种神秘的树。胡先骕熟悉古植物学家三木茂的工作，也知道干铎教授在 1941 年最先看到的那棵树，于是他将二者联系了起来。最终在 1948 年，水杉被鉴定为一种与更早的化石记录相符的活体树木，定名 *Metasequoia glyptostroboides*。胡先骕如今享有发现该物种的荣誉。

1947 年，坐落在波士顿市的哈佛大学阿诺德树木园资助一支探险队前往中国，从磨刀溪最早被发现的那棵树上采集种子。然后时任园长埃尔默·D. 梅里尔博士（Dr Elmer D. Merrill）将这些种子分发给世界各地的树木园和科研树木种质园进行栽培试验。加州大学的拉尔夫·钱尼教授（Professor Ralph Chaney）亲自前往中国生长这些树的地区进行调查，而且如今人们认为水杉的英文名就是他起的。

尽管拥有如此晦涩的名字和复杂的历史，但水杉其实是一种生长迅速的美丽树木，拥有对称而平衡的金字塔形树冠。树干有基部凹槽，成年后扭曲，展示着橙棕色纤维状树皮。作为一种落叶松柏，它拥有浅绿色羽状复叶，秋季落叶前呈现鲜明的赭石色，这让它成为最完美和最受欢迎的观赏树木。现在只有大约 5000 棵树仍自然生长在中国中部的一些小山谷里，这让它成为国际自然保护联盟《受威胁植物红色名录》上的濒危物种，不过如今它是全世

世界奇观

界栽培最广泛的一种乔木，遍布拥有温带气候的国家，包括美国、英国、日本、智利和新西兰。所有这些植树活动开始于 20 世纪 40 年代。最早在磨刀溪发现的那棵水杉是它的模式标本，如今还生长在原地，被一圈混凝土栏杆环绕。它的树冠变得稀疏了，最有可能的原因是周围的土地被压实了。根据 1996 年的测量结果，它的凹槽基部（这种树的典型特征）上方的围长是 7.1 米，高达 34.65 米。

1957 年，一位名叫李清溪 [注1] 的人从南京林学院 [注2] 购置并种下 100 株水杉幼苗，想要改善江苏省邳州的树木景观，那里是他生活和工作的地方。这些树生长得很好，于是他繁殖了更多树苗。然后在 1975 年，他开始种植"邳州水杉大道"，如今这条路长达 47 千米，拥有 100 万棵树，被认为是全世界最长的林荫大道，令日本日光市的日本柳杉大道屈居第二，后者建于 1625 年，长 35.41 千米。

[注1] 李清溪，时任邳县（今邳州）县长。
[注2] 南京林学院，今南京林业大学。

花旗松

Douglas fir

===

作为美国西北太平洋海岸地区的另一种巨大的常绿松柏，花旗松（*Pseudotsuga menziesii*）的高度可以超过 100 米，与红杉（217 页）和巨云杉（54 页）共同争夺全世界最高树木的头衔。它也是美国西部分布最为广泛的一个树种，分布范围从北边的不列颠哥伦比亚省向南延伸至加利福尼亚州。继续向内陆深入落基山脉或者从加利福尼亚向南进入墨西哥中部，一个名叫落基山花旗松（*Pseudotsuga menziesii* var. *glauca*）的变种出现了，它是一种尺寸较小的乔木，拥有独特的蓝色树叶；花旗松的另外一个近缘物种大果黄杉（*Pseudotsuga macrocarpa*，英文名 bigcone Douglas fir）球果的大小是花旗松（Douglas fir）的两倍。它们都属于黄杉属（*Pseudotsuga*），属名意为"假铁杉"，是法国著名植物学家伊利-阿贝尔·卡里埃在 1867 年命名的。除了这两个北美物种，该属还有两个来自亚洲的物种：来自中国大陆和台湾地区的黄杉（*Pseudotsuga sinensis*），以及来自日本的日本黄杉（*P. japonica*）。很多树的名字背后是激动人心的探索和冒险故事，而在所有这些树木中，花旗松肯定拥有最引人入胜的联系，涉及 18 世纪和 19 世纪的两位英勇无畏的探险家和植物搜集者。

1791 年，在乔治·温哥华（George Vancouver）船长的领导下登上英国皇家海军舰艇"发现号"（Discovery）参加其探险队的苏格兰博物学家、植物学家和外科医生阿奇博尔德·孟席斯在温哥华岛（该岛是以温哥华船长之名命名的）上见到并记录了这种树。所以它的拉丁学名种加词 *menziesii* 纪念的是来自欧洲的发现者。在同一场航行中，孟席斯还采集了智利南洋杉（232 页）

很多树的名字背后是激动人心的探索和冒险故事，而在所有这些树木中，花旗松肯定拥有最引人入胜的联系……。

对页图：花旗松自然生长在浓密的森林中，它们会自我修剪较低的分枝，所以圆锥形的树冠开始于地面以上许多米的高度。对于生长在开阔生境中的树，其分枝和地面的距离近得多，尤其是树龄较小的树。

上图：漂亮的雌球果带有从鳞片之间伸出的三尖形（三叉形）苞片，针状叶揉碎后散发一种类似柑橘的香气，它们让花旗松成为最易辨别的一种松柏类植物。

的种子。然而，直到 36 年后的 1827 年，花旗松的种子才在英国被大卫·道格拉斯引进栽培。他是一名苏格兰园艺家和植物学家，来自珀斯郡的斯昆（他 1834 年死于夏威夷，离世的情况颇为神秘，是在一个陷阱里被一头野牛刺死的）。尽管并不是真正的冷杉，但这种树的英文名（意为"道格拉斯冷杉"）是对这位成果颇丰的植物搜集者的纪念。道格拉斯将超过 200 个来自北美的新物种引入栽培，包括巨云杉（54 页）、西黄松（*Pinus ponderosa*，英文名 Ponderosa pine）、糖松（*Pinus lambertiana*，英文名 sugar pine）、大冷杉（*Abies grandis*，英文名 grand fir）和壮丽冷杉（*Abies procera*，英文名 noble fir）。

花旗松是最易辨别的松柏类植物之一，深色树皮表面沟壑崎岖，下垂的雌球果有奇怪的三尖形苞片，苞片从每一枚鳞片之间伸出，针状叶揉碎时有一股介于柑橘和菠萝之间的香味。作为这些树的自然家园，成熟的老龄林是赤树䶄的重要栖息地，它在花旗松优雅下垂的高处树枝筑巢，并以树叶为食。而它和其他小型哺乳动物又为濒危物种斑林鸮提供了食物。

除了在生态上是重要的，花旗松还有宝贵的经济价值。极为高大、笔直并且不分叉的主干让它成为全世界最重要的一种材用树种之一，如今它作为一种造林作物广泛种植。没有节瘤的木材呈浅棕色，木纹略呈红色和黄色，质地结实，耐腐蚀。它是一种用途非常广泛的木材，用于多种目的，包括建筑细木工、覆盖层、饰面薄板和胶合板。它还是旗杆的理想材料。

1959 年，英国皇家植物园邱园，一根高 68.58 米的旗杆被皇家工程兵部队第 23 野战中队竖起。它是用一根完整的花旗松木制成的，制造它的树据估计已有 370 岁，重达 37 吨，砍伐自温哥华岛上的卡柏峡谷（Copper Canyon）。它是不列颠哥伦比亚省政府赠送的礼物，以纪念邱园建园 200 年和不列颠哥伦比亚建省 100 年。不幸的是，在 50 年之后，天气和啄木鸟造成的伤害让它变得不安全，于是在 2009 年，它被熟练的高空作业工人拆除了。

花旗松如今广泛种植在其自然分布区之外，包括新西兰在内的地区。对于几个欧洲国家，例如法国、德国和意大利来说，其境内最高的树都是花旗松。而在英国，尽管有几名争夺这一头衔的竞争者，但如今生长在这里的最高的树（66.4 米）是 19 世纪 80 年代种植在苏格兰因弗内斯（Inverness）附近的一棵花旗松，它被当地人称为 Dughall Mor，这是盖尔语，意为"又高又黑的陌生人"。

在花旗松的故乡不列颠哥伦比亚省的温哥华岛上，一棵名为"孤独大道格"（Big Lonely Doug）的巨大花旗松老树孤独地伫立在戈登河岸边伦弗鲁港附近的一片伐木空地中。2011 年冬天，一位名叫丹尼斯·克罗宁（Dennis Cronin）的林务员在这里考察可供砍伐的树木。这棵令人过目难忘的树有 66 米高，相当于一栋 23 层的楼房，树龄大约有 1000 岁，站在它的下面，克罗宁决定给它一次赦免。他没有在树干上固定鲜艳的橙色砍伐标签，而是将一根绿色丝带系在一条伸出地面的树根上，上面写着"留树"（Leave Tree）。它是加拿大第二高的树，仅次于如今最高的花旗松，生长在附近一条峡谷中的"红溪冷杉"（Red Creek Fir）。"孤独大道格"将继续生长，但将不再孤独，因为它会传播自己的种子，令森林自然再生。

新西兰贝壳杉

Kauri

在新西兰北岛上的怀波阿森林国家公园，一棵大树高耸在周围茂盛的亚热带树木和树蕨的林冠之上，它的名字是 Tane Mahuta（"森林之王"）。光是它巨大的灰蓝色圆柱形树干就已经颇为壮观，围长达惊人的 13.8 米，高 17.7 米。加上令人过目难忘的树冠，这棵大树的总高度是 51.5 米，而且被认为已有约 2000 岁了。置身于周围细弱的邻居之中，它是个硕大无朋的巨人，每个月都有成千上万的游客朝圣般地来到这里，向这位植物界至尊成员、新西兰最大的新西兰贝壳杉（*Agathis australis*）致敬。

新西兰贝壳杉天生就能渗出大量树脂……。千百年来，这些树脂在土壤中积累，并被"树脂矿工"大量挖掘。

新西兰贝壳杉属于松柏类植物中最古老的南洋杉科（Araucariaceae，英文名 monkey puzzle family），化石记录可追溯至大约 2 亿年前的三叠纪。作为南洋杉科唯一原产新西兰的成员，新西兰贝壳杉是这里的特有物种。树通常高约 30 米至 40 米，有不同寻常的蓝灰色剥落树皮，它们呈小片状散落，呈现出斑驳且高度纹理化的外表。当幼树从周围的林冠中钻出来之后，树冠向外扩展并变得浓密，成熟叶片长而宽阔，呈革质。在生长过程中，新西兰贝壳杉会将位置较低的分枝脱落，但是一旦成年，它们坚固的上部分枝就会成为许多物种的家园。附生植物，如蕨类、兰花甚至灌木都曾被发现生长在树枝之间，而下面的树干上分布着丰富多样的地衣物种。

在毛利人的创世神话中，森林之王是掌管森林的神，天父（Ranginui）和地母（Papatuanuku）之子。通过分开紧紧拥抱的父母，正是他让光明照进世界，创造出黑夜和白天。他用植被为母亲披上衣装，因此所有树木都被认为是森林之王的孩子。毛利人极为重视新西兰贝壳杉，令它的地位仅次于桃柘罗汉

对页图：新西兰贝壳杉可以长成树中的巨人，高耸在森林中的所有其他树木之上。从兰花和蕨类到鸟类和哺乳动物，许多其他物种都在它们身上安家，例如帚尾袋貂、蝙蝠和啮齿类动物。

松（246 页），并使用它的单根树干制造独木舟战船。

欧洲人抵达新西兰时，广阔的新西兰贝壳杉森林覆盖着北岛的许多地方，但是由于它们令人难忘的尺寸、笔直的树干和结实的金色木材，这些树很快遭到大规模砍伐，如今它们只存在于国家公园。除了曾经是这个国家最重要的材用树种之外，新西兰贝壳杉还能产出另一种十分有用的产物——新西兰贝壳杉树脂（kauri gum）。毛利人喜欢将它添加至天然药物中，还把它当作引燃物，因为它极易燃烧。他们还用燃烧树脂产生的烟灰来文身。在 19 世纪，新西兰贝壳杉树脂产业有着极为重要的经济地位，收获的树脂被称为柯巴脂[注]，出口后用于制造涂料、清漆和油毡。新西兰贝壳杉天生就能渗出大量树脂，以愈合创伤以及防止细菌和真菌侵入体内。千百年来，这些树脂在土壤中积累，并被"树脂矿工"大量挖掘。积累在土壤中的这些树脂刚刚被开采干净，人们就开始直接从活体树木上收获了，方法是将树皮割伤，令它们"流血"。但人们很快发现这会对树造成严重的影响，于是停止了这种做法。如今，任何

世界奇观

被发掘的柯巴脂常被人们用于制作珠宝和艺术品。

　　新西兰贝壳杉是关键种，是对周围生境的健康状况至关重要的物种。它们还被毛利人视为一种 taonga，即毛利语中的"自然的宝藏"，然而发生在它们大部分自然栖息地的毁林造田以及火灾和伐木意味着这个物种已经差不多从它曾经生长的地区消失了。新的威胁来自将树叶剥光的袋貂和真菌引发的病害新西兰贝壳杉枯梢病，这意味着人们正在采取措施保护有很多游客造访的特殊新西兰贝壳杉，例如"森林之王"。人们还正在努力恢复新西兰贝壳杉森林，而且在废弃农田上有天然次生林的发育迹象，所以包括"森林之王"和他的家族成员在内，这些令人过目难忘、拥有超长寿命的树将有望继续统治新西兰北方的森林。

[注] 柯巴脂（copal），即亚石化的树脂，该术语可指热带树木所产树脂，也用于特指前哥伦布时期中美洲文化中所使用的芳香类树脂。

新西兰贝壳杉

榴梿

Durian

═══════

在原产地东南亚被称为"水果之王",并作为全世界气味最臭的水果声名远播,榴梿(*Durio zibethinus*)可谓"臭名昭著"。因为强烈的气味,它被几家航空公司、酒店和新加坡的公共交通系统下了禁令。食用成熟果实被比作在露天下水道里吃蛋奶沙司。但是虽然它的气味可能令人想起污水,但这种果实奶油质感的果肉被认为是珍馐美味。马克·吐温在东南亚旅行时曾被告知,"如果你能屏住呼吸,直到将果肉放进你的嘴里,一种绝妙的喜悦之情将从头到脚笼罩你的全身"。人们对这种味道的描述各有不同,说它像焦糖、巴旦木或香蕉,但是对于博物学家阿尔弗雷德·罗素·华莱士,它令人想起奶油乳酪、洋葱沙司甚至雪利酒。意见分歧很大,榴梿令某些人极为反感,而另一些人对它青眼有加。

在原产地的森林中,它们是猴子、野猪和大象的最爱,由于它们释放的强烈气味,这些动物可以在森林里发现 800 米之外果实的踪迹。

原产婆罗洲、印度尼西亚、马来西亚或许还有苏门答腊,野生榴梿树可以长到 40 米高。果实非常大,卵圆形、有厚壳,可重达 3 千克至 8 千克,并覆盖着非常尖锐的刺。这些果实由美丽的黄白色花发育而来,花瓣反卷。花直接簇生在分枝和主干上。和果实一样,它们也有一种令人不悦的独特气味,像变质的牛奶,但这是它们准备接受授粉的直接信号。这些下垂的花将大量花蜜和花粉提供给它们的主要授粉者,即各种果蝠物种,它们在黄昏和夜晚造访这些花朵。一旦这些蝙蝠完成它们的工作,花瓣就会脱落,果实开始形成。

当果实成熟并落下时,它们会自然开裂。在原产地的森林中,它们是猴子、野猪和大象的最爱,由于它们释放的强烈气味,这些动物可以在森林里发现 800 米之外果实的踪迹。吃下果实之后,这些动物会将种子转移到森林里的

对页图:榴梿树可以长到 40 米高,形成一个圆锥形。叶片表面呈有光泽的绿色,背面呈浅青铜色,大而沉重的果实布满尖刺。

榴梿

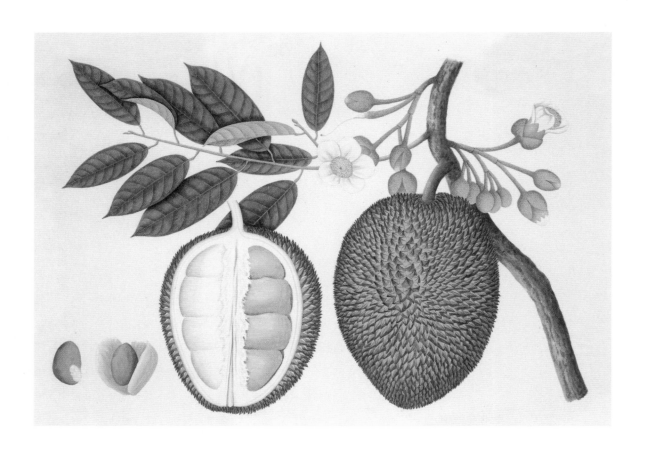

上图：榴梿果实的黄色浆状果肉据说味道美妙，但气味很臭，"就像在下水道里吃蛋奶沙司"。

其他地方。

　　对于它们的人类仰慕者，榴梿栽培于包括印度在内的很多热带亚洲国家以及澳大利亚。这种宝贵的果实富含维生素和矿物质，碳水化合物的含量也很高。榴梿有超过 200 个品种，每个品种都是为了不同的口味和气味培育的。人们有各自的最爱，名为'猫山王'（'Musang King'）的品种在中国的需求正变得越来越大。2012 年，两个没有气味和种子的品种引进泰国，名字分别是'珑榴梿'（'Longlaplae'）和'琳榴梿'（'Linlaplae'），人们希望它们令这种水果更受欢迎并得到广泛的接受。

美洲红树

Red mangrove

生活在热带海岸潮间带不断变化的环境中，先被海水淹没然后暴露在被曝晒的泥地上，在这样的循环往复中，对于开花植物而言，美洲红树（*Rhizophora mangle*）可以说是真正的生存高手。这种树和其他物种一起构成了名为红树的一大类植物。它与拉关木（*Laguncularia racemosa*，英文名 white mangrove）和黑皮红树（*Avicennia germinans*，英文名 black mangrove）一起生长，构成环绕非洲西海岸和美洲热带海岸的一种复杂而且特殊的生境，在河口沿岸生长得尤其欣欣向荣，构成了地球上最高产和最多样的一套生态系统。

对于开花植物而言，美洲红树可以说是真正的生存高手。

和所有红树物种一样，美洲红树拥有特殊的适应性特征，帮助它在这种极具挑战性的涝渍环境中欣欣向荣地生长。土壤中的氧气浓度极低，所以美洲红树长有气生根（呼吸根），它们可以从树干上距离地面 2 米或以上的位置长出来。这些呼吸根让氧气可以通过树皮上的大量皮孔吸收，并起到支撑作用，帮助锚定树体。此外，美洲红树已经适应了高盐度（它们是盐生植物），可以从树根上排出盐分。

美洲红树是常绿小乔木，可以长到 20 米高，拥有肥厚的革质叶片。它们全年开放黄绿色钟形花，可风媒异花授粉或自花授粉，结红棕色浆果。这些果实通常发育成硕大的繁殖体（幼苗），它们可以连接在母株上生长数月（称为胎萌），然后再脱落并漂走，找到合适的落脚地，在那里迅速扎根生长。

除了非常不同寻常之外，红树还是极为有用的植物。包括蚂蚁和萤火虫在内，多种昆虫在红树林里安家，而一些两栖动物、爬行动物、鸟类以及包括蝙蝠和猴子在内的哺乳动物来到这里寻找食物。纠缠的根系是藤壶和其他

T.63.

Lacertus.

Rhizophora Mangle
Willd. sp. pl. 2. p 843

对页图：一旦受粉，美洲红树的花就会发育成长长的绿色繁殖体。然后它们会脱落，漂走，然后在海岸线上某个合适的位置迅速发育成一株新树。

下图：红树会长出一丛纠结的气生根帮助它们"呼吸"，还起到在潮间带支撑植株的作用，并为许多动物提供庇护所。

软体动物的家园，被水淹没时，这些根还可以作为小鱼、螃蟹和水母的庇护所，某些较大的物种如海龟和鳄鱼也可以在这里寻求庇护。在它们的自然分布区，红树是健康的海岸生态系统不可或缺的部分，还支撑着当地从渔民到旅游业人员的生计。它们还提供木材和燃料，而且它们的树皮可以用来制作绳索和染料。红树以保护海岸线免遭潮汐侵蚀著称，并且是宝贵的碳汇。

红树林已经遭受了栖息地破坏之苦，但是在以稳定和恢复陆地为目的并调动当地社群参与的环保项目中，许多地区正在进行重新种植。这些项目的实践可能很复杂，并且常常包括美洲红树（不过如今在夏威夷它被视为入侵物种）。虽然难以估量树木的货币价值，但是根据世界自然基金会（World Wildlife Fund）最近的一份报告，对世界经济而言，红树林每年提供的产品和服务价值 1.86 亿美元。

美洲红树

美洲山杨

Quaking aspen

在深秋的北美森林，一片美洲山杨（*Populus tremuloides*）树林是最令人屏气凝神的景致，树叶在此时变成闪闪发光的浓郁金色，在树干上光滑的灰白色树皮的映衬下分外醒目。这些粗壮笔直的落叶乔木可以长到 30 米高，常常被亲热地称为"摇摆者"（Quakies）。不难理解这个名字是怎么来的，因为钻石形状的叶片悬挂在长长的叶柄上，最轻柔的一阵微风也会让它们不停摇摆，发出温柔的低语。

> 这些粗壮笔直的落叶乔木……
> 被亲热地称为"摇摆者"。
> ……最轻的一阵微风也会让它们不停摇摆，
> 发出温柔的低语。

从植物学的角度上说，美洲山杨常常被误认成与它亲缘关系最近的欧洲山杨（*Populus tremula*，英文名 European aspen），因为后者和它有很多相似之处，而且拥有从西欧到东亚的广泛自然分布范围。实际上它的学名种加词 *tremuloides* 的字面意思就是与 *tremula*（欧洲山杨学名种加词）相似。

美洲山杨生长在松柏林边缘、路边和林业生产清理空地中湿润但不涝渍的土壤中，并被认为是北美洲分布最广泛的树。它们的分布范围北至阿拉斯加，南至加利福尼亚、亚利桑那和墨西哥中北部的瓜纳华托，从最西边的温哥华延伸到最东边的缅因州，并遍布苔原以南的加拿大全境。在很多地方，美洲山杨构成森林的主要树种。它自 2014 年起成为犹他州的州树，被它取而代之的是从 1933 年起就保持着这项荣誉的蓝粉云杉（*Picea pungens*，英文名 Colorado blue spruce），因为美洲山杨构成该州森林覆盖总面积的 10%，而蓝粉云杉的比例只有 1%。

虽然美洲山杨是一种开花乔木并且能够结出可育的种子，但它很少像大多数其他乔木物种那样进行有性繁殖。相反，它通常从树根上进行营养繁殖，

对页图：美洲山杨的叶片生长在长长的叶柄上，所以即使轻柔的微风也会让它们颤抖，这正是它们学名种加词的来历。叶片在夏天呈绿色，在秋天变成光辉灿烂的金黄色。

POPULUS Græca.

PEUPLIER d'Athènes. *pag.* 18?

P. J. Redouté *pinx.*

Mixelle ainé Sculp.

美洲山杨

上图：美洲山杨的花是下垂的葇荑花序，早春出现，先花后叶。雌葇荑果序由成串蒴果构成，每个蒴果含有大约 10 粒微小的种子。当它们在初夏发育成熟后，很容易乘风传播。

对页图：美洲山杨在北美洲分布广泛，常出现在高海拔地区。它们喜欢湿润地点，常常生长在被清理或扰动的地区，例如被雪崩清扫过的地方。

并以这种方式形成大规模的克隆树林，全部分享同一个根系。这种繁殖方式让这个物种保持着全世界已知最重生物体的纪录。有这样"一棵树"，它拥有 47,000 根树干，重约 600 万千克（6000 吨），根系覆盖面积达 43 公顷。它是在 1968 年被森林研究者伯顿·凡尔纳·巴恩斯（Burton Verne Barnes）在犹他州中南部塞维尔县的瓦萨奇山脉以南发现的，据估计已经在那里生活了 8 万年。它被称为"潘多"（Pando，在拉丁语中意为"扩展"），还有一个名字是"颤抖的巨人"（The Trembling Giant）。不可思议的是，它是单个雄性活体生物，拥有完全相同的遗传标记。

由于数个因素的共同作用，可能包括干旱、火灾的抑制（导致来自其他树木的竞争增加）以及北美黑尾鹿和牲畜的过度啃食，人们如今认为潘多正在衰亡。生物学家正在寻找确切原因，并试图找到能够拯救这棵庞然大树的办法。在地面以上，整个树林主要由 100 岁至 130 岁的较老树干构成，这是美洲山杨的平均寿命，也就是说它们正在走向生命的终点。数量很少的幼苗正在从地下根系的萌蘖再生出来，填补较老树干死亡留下的空隙。在这些幼树成功萌发的地方，它们很快就被鹿啃光或者被牲畜践踏，留下一个树龄失衡且不断退化的群体。使用火阻止松柏类植物蚕食该群体外部边缘的选择性生态干预措施为新萌蘖的再生提供了一些空间。

和大多数其他杨树一样，美洲山杨的白色木材强度相对较低，主要作为制浆木材用于造纸业，或者用来制造板条包装箱和包括胶合板在内的面板材料。不过它为河狸提供了良好的食物来源和筑坝材料，而且美洲山杨的叶片被多种蛾子和蝴蝶、鸟类和哺乳动物（从兔子到驼鹿和熊）食用。

美洲山杨

From a Photograph.

J. Edward & H.H. Exchange Edin.

SEQUOIA WELLINGTONIA

MARIPOSA GROVE. SOUTH CALIFORNIA.

红杉

Redwood

这两种树是真正的破纪录者。它们常常被弄混，因为它们都自然分布于美国西北部的加利福尼亚州和俄勒冈州，而且在英语里都叫 redwood（一般译为"红杉"）。地球上有记录的最高树木如今是一棵北美红杉（*Sequoia sempervirens*），但是许多树木专家相信最高的树其实还没有被找到。一棵树的生命是动态的，总是在不停地变化，所以很可能有某个挑战者正在某个地方等待测量。然而目前的冠军是一棵年轻的树，它是 2006 年 8 月被两位博物学家迈克尔·泰勒（Michael Taylor）和克里斯·阿特金斯（Chris Atkins）发现的，被命名为"许珀里翁"（Hyperion），据估计活了大约 600 年。它生长在加利福尼亚州的红杉国家公园，高度测量结果是 115.9 米，方法是测量员爬到顶端，然后将皮尺向下放到地面。

北美红杉是森林里的长寿居民，可以活到 1000 岁至 1200 岁，最久甚至活到 2200 岁，所以"许珀里翁"还只是一棵树苗。全世界最高树木的头衔还有其他竞争者，塔斯马尼亚的一株杏仁桉（175 页）高 114.3 米，紧随其后，但是这个测量结果直到它被砍倒之后才得到证实，所以它只能屈居第二。

人们认为当欧洲殖民者首次抵达北美西海岸时，北美红杉覆盖着 648,000 公顷至 769,000 公顷的土地，但是从那以后，大约 40,500 公顷的北美红杉林因为伐木和林地清理消失。这些大树天然生长在加利福尼亚州和俄勒冈州，从最南边的蒙特利县向北延伸至俄勒冈州境内仅 22.5 千米，分布于太平洋沿岸一条称为"雾带"（fogbelt）的狭长区域，宽仅 8 千米至 40 千米。笼罩着这些大树的雾气对北美红杉的生态系统非常重要，它们通过增加空气相对湿度、降低蒸发速率和减少蒸腾作用减轻干旱胁迫，尤其是在夏天，此时雾气

对页图：这是巨杉，它生长在加利福尼亚州内华达山脉的西坡上，是地球上最大的生物体之一。它常常与北美红杉混淆，后者是地球上最高的树木之一，生长在太平洋沿岸。

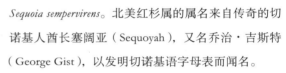

更加频繁而雨水稀少。

　　书面记录中对北美红杉的首次描述出现在方济会传教士胡安·克雷斯皮（Juan Crespí）神父1769年的日记里，当时他参加了西班牙人组织的波托拉探险队（Portola Expedition），并在圣克鲁斯山脉附近观察了这些树。他写道，"在这个地区，这种树数量很多，因为探险队里没人认识它，所以他们根据颜色将这种树叫作'红木'（red wood，西班牙语原文palo colorado）"。25年后，在1794年的冬天，温哥华探险队的阿奇博尔德·孟席斯采集了一件标本，它被植物学家艾尔默·博尔克·兰伯特（Aylmer Bourke Lambert）用于为这种树命名，他的命名是 *Taxodium sempervirens*。种加词 *sempervirens* 意为"常绿的"，从而将它与落羽杉属（*Taxodium*）其他的落叶成员区分开来。后来在1847年，这个名字被奥地利植物学家斯蒂芬·恩德利希（Stephen Endlicher）修订为 *Sequoia sempervirens*。北美红杉属的属名来自传奇的切诺基人酋长塞阔亚（Sequoyah），又名乔治·吉斯特（George Gist），以发明切诺基语字母表而闻名。

　　巨杉（*Sequoiadendron giganteum*）是加州的另一个纪录打破者。它生长在内华达山脉的西坡，这里比北美红杉的生境更干燥，而且巨杉依靠天然火灾进行再生。它拥有极厚的海绵状耐火树皮，常常厚达45厘米，呈红棕色，而且它的第一层分枝位于树干高处，不会被森林火灾波及。火灾烧掉森林地表的枯枝落叶，暴露出种子萌发所需的矿物质土壤。野火的热量还会打开球果，它们可以紧闭长达20年，释放每个球果包含的大约230粒微小的种子。然后这些种子会飘落到下方完美的苗床上。巨杉的寿命甚至比北美红杉更长，能有3200岁至3300岁之久。现今仍然矗立着的年纪最大的巨杉只有2500岁，它也是地球上最庞大的生物体之一。不可思议的"谢尔曼将军"（General Sherman）生长在红杉国家公园，高83.8米，但围长达31.3米，拥有1487立方

米的体积，据估计重达 2500 吨。这些庞然大物是在 1852 年被猎熊人奥古斯塔斯·T. 多德（Augustus T. Dowd）在卡拉韦拉斯树林里发现的，然后对它们的砍伐很快就开始了。受害者包括第一棵被看见的树，名为"发现树"（Discovery Tree）。然而，这些大树很难运输和锯断，而且它们在倒下时容易开裂或摔碎，因此从这片树林成功运到锯木厂里的树很少。人们喜欢用这种木材制造屋顶木瓦和栅栏柱，因为它非常持久耐用，但是在生产这些东西时，大部分木材都被浪费掉了。被砍倒的树完整地躺在森林地面上，激发了苏格兰裔美国人博物学家和作家约翰·缪尔（John Muir）等人领导的环保运动。后来包括约塞米蒂峡谷和红杉国家公园在内，许多红杉林得到了它们应得的受保护状态。站在这些庄严的大树底下让人产生一种奇异的感觉，你听着高处树冠的枝丫发出的吱嘎之声，不禁想象如果它们能够说话，它们会讲述什么样的故事。

红杉

上图：罗汉松（*Podocarpus*）

受威胁和濒危的树木

树木虽然是自然界的生存高手，但它们也面临威胁。在全世界大约 6 万个树木物种中，有大约 8000 个被认为是濒危物种，不过具体的数字很难确定。其中几个物种出现在这本书的其他章节，例如黑檀、猴面包树、新西兰贝壳杉和龙血树。对我们而言，许多物种因为提供食物、药物或木材拥有直接而重要的意义，而所有树木都提供看不见的"支持服务"，例如控制土壤侵蚀和防止洪水，以及调节气候。每个树木物种还是生境拼图中必不可少的一块，对于它所生长的地方的更大尺度的生态状况非常重要。

树木遭受威胁的原因有很多。生境丧失和破坏是主要因素。根据世界自然基金会的报告，我们每年因为毁林活动损失 1870 万英亩的森林，而气候变化、病虫害的扩散、入侵植物、污染、过度采集和非法砍伐都是影响因素。在多种因素的共同作用下，对毛利人而言拥有重大文化意义的两个新西兰物种，新西兰圣诞树和桃柘罗汉的个体数量都出现了大幅下降，这些因素包括来自澳大利亚的袋貂的入侵，这些动物会将它们的叶片剥光。

或许有些令人惊讶的是，一些被认为面临威胁的物种为科学所知的时间相对较晚。它们包括银杉和凤尾杉这样的"活化石"物种。这些物种曾经只有化石记录，被认为早已灭绝，直到在某个偏僻的避难所被意外地重新发现。还有一个物种是一个学童在他罗德里格斯岛上的家的路边发现的。褐咖啡这种树只有一株被发现，而英国皇家植物园邱园的植物学家们运用自己的技能和专业知识繁殖了它并确保它的未来。

这些在偏远的岛屿上进化出来并且没有其他地方可去的特有物种是植物界的鲁滨逊·克鲁索 [注]（Robinson Crusoe）。圣赫勒拿岛置身于狂野的大西洋，岛上曾覆盖大片胶菀木树林，但如今只剩下几处很小的区域。虽然并没有被禁锢在一座岛屿上，但美丽的富兰克林树只出现在美国佐治亚州的一小片地区，而且自 19 世纪以来就再也没有人在野外见到过它。

有些可能被认为相当常见的物种甚至在当地也是濒危的，例如欧洲刺柏和智利南洋杉。虽然树木对我们如此重要和有用，但我们仍然过度利用它们并威胁它们的生存。全球性的监管以及以科研为基础的恢复项目、种子库和植物园，这些都是保护全球树木物种的重要元素。

[注] 鲁滨逊·克鲁索，《鲁滨逊漂流记》主人公的名字。

刺柏

Juniper

作为一种生长缓慢且极为耐寒的常绿松柏，欧洲刺柏（*Juniperus communis*，英文名 common juniper）常常被许多人认为是灌木，但是在适当的生长条件下，它可以长成高达 16 米且树干常常扭曲的小乔木。它的分布范围遍及北美洲、亚洲和欧洲的寒温带并进入北极圈，在非洲阿特拉斯山脉还有一些小型孑遗种群，地理分布总面积是所有木本植物中最大的。大部分植株拥有低矮伸展的株型甚至是俯卧生长，尤其是海拔较高且暴露的地方，风在这里塑造了树的形状。它耐阴，常常与桦树和松树一起生长在密度较低的林地，或者生长在林地边缘和石南灌丛。

刺柏属（*Juniperus*）植物浓密且非常多刺的枝叶能够很好地阻止鹿等食草动物，与此同时作为保护性遮蔽物和筑巢场所以及食物来源支持许多鸟类的生活。雌树（雌雄异株）结的果实其实是小球果，含有 2 或 3 粒种子。果实似浆果，一开始是绿色，需要 2 到 3 年发育成熟并变成带有一层蓝霜的紫黑色。这些浆果因其浓郁的味道而被用在烹饪中，并且是赋予金酒（gin）独特个性的关键原料。实际上，gin 这个单词与法语中的 genièvre、意大利语中的 ginepro 和荷兰语中的 jenever 有关，这些全都是刺柏在这些国家各自语言中的名字。[注] 按照法律规定，金酒唯一必须含有的植物成分就是刺柏，正是这些浆果赋予了这种饮品独特且振奋精神的松树风味，并与其他植物成分和谐共融，包括芫荽籽、柑橘皮、欧白芷根和肉桂。正如好的葡萄酒被葡萄影响，或者威士忌被橡木桶影响一样，好的金酒也受刺柏的香味和味道的影响，而这取决于刺柏果是在世界上的什么地方采集的。芬兰有一种名叫萨赫蒂（Sahti）的发酵啤酒，按照传统使用刺柏和啤酒花调味，并用刺柏的小枝进行过滤，得到一

对页图：刺柏的绿色树叶极为多刺，用以抵御鹿等食草动物。果实生长在雌树上，似浆果。它们一开始是绿色的，当里面的种子在 2 到 3 年后发育成熟时最终变成独特的带蓝霜的紫黑色。

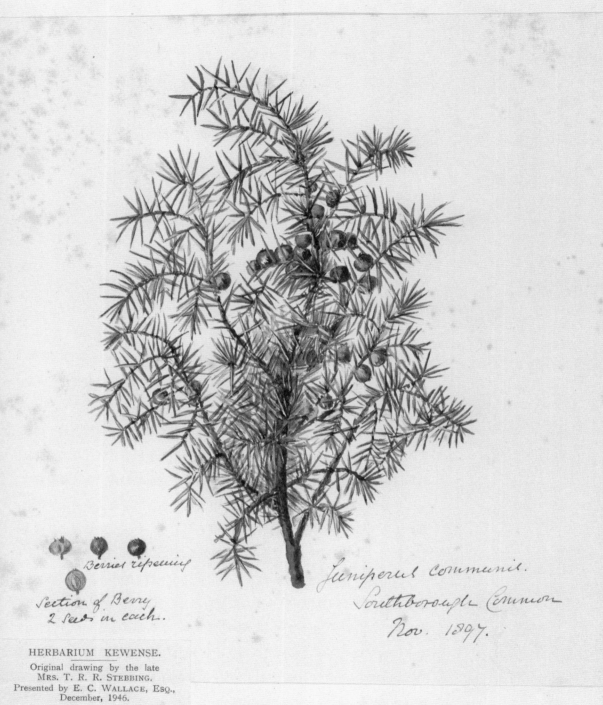

Berries ripening

Section of Berry
2 Seeds in each.

Juniperus communis.
Southborough Common
Nov. 1897.

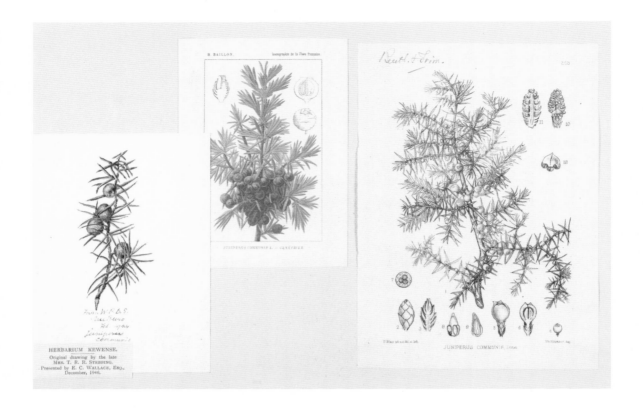

种混浊的啤酒,它独特的味道据说像香蕉,又被欧洲刺柏树枝的苦味加以平衡。使用刺柏调味的其他饮品包括一种名为 genevrette 的法国果酒,它是用等量的大麦和刺柏果一起酿造的。

对于松柏类植物而言,欧洲刺柏的木材相对坚硬,拥有紧密、狭窄的生长年轮和金棕色泽,但是除了被工匠用于木材车削和雕刻之外,几乎没有别的用途,不过铅笔曾经是用这种木材制造的。它在焚烧时会产生一种有香味且几乎看不见的烟,传说欧洲刺柏的木材曾用于在苏格兰高地峡谷中非法蒸馏威士忌,以免烟雾招来当地海关和报税官的兴趣。它至今仍被用来烟熏各种食物如红肉和鱼,赋予它们一种独特的芳香风味。

刺柏属树木包括许多不同的物种,而在世界上的不同地区,它们与各种神话传说、魔法和药物紧密相连。果实药用的最早记录来自公元前 1500 年的埃及,它出现在一个治疗绦虫感染的药方中,而古罗马人用刺柏进行身体净化和治疗胃病。17 世纪的英国草药学家和内科医师尼古拉斯·卡尔佩珀(Nicholas Culpeper)声称刺柏的药效几乎是无与伦比的。在他的《本草图谱》(*Complete Herbal*)中,他推荐将刺柏果用于多种目的,包括驱赶有毒的动物和治疗肠胃气胀。如今这些果实被制成一种富含黄酮类和多酚类抗氧化剂的精油，据说是一种强力解毒剂和免疫系统增强剂。

不幸的是，在不列颠群岛，欧洲刺柏的数量正在缓慢下降，尤其是在苏格兰，这主要是真菌疫霉 *Phytophthora austrocedri* 引起的根腐病导致的。这种病原体侵袭树的根系，杀死为植株运输养料的韧皮部，最终环剥主干并导致死亡。不过欧洲刺柏的种子已经被保存在邱园的千年种子库，而且由于这种树极为广泛的全球地理分布，在国际层面它未不被视为受威胁物种。

[注] 金酒又称杜松子酒，可能是因为杜松（*J. ridiga*）是原产中国并与欧洲酿造金酒常用的欧洲刺柏相似的同属植物，当时的译者便借用其名，意译为杜松子酒，金酒是音译。另一种可能如上文示例，西方语言中同属植物常统称一词，由此造成的误会亦不鲜见。时至今日，杜松和欧洲刺柏这两个物种在中国仍然经常被混为一谈。

刺柏

新西兰圣诞树

Pōhutukawa

11月到12月，即将迎来圣诞的这段日子，在南半球正是盛夏时节，新西兰圣诞树（*Metrosideros excelsa*）会换上最令人难忘的盛装，开满鲜红色的花。这些花如此丰富和鲜艳，从远处看仿佛是树着了火一样。

作为桃金娘科的一员，这种美丽的常绿树与麦卢卡树（manuka）和桉树有亲缘关系。它是新西兰的特有物种，主要生长在沿海森林，在那里温暖干燥的环境下茂盛生长，而且可以承受海风和盐沫；它的毛利语名字 pōhutukawa（"被飞沫洒在身上"）指的是它喜欢生活在海边。成年树可以长到20米高，革质叶片形成宽阔伸展的穹顶状树冠。长长的叶片幼嫩时多毛，但是会随着成熟发生变化，正面变为蜡质，背面仍然覆盖着银毛。这种有用的适应性特征可以在干旱条件下保存水分。

这些花如此丰富和鲜艳，从远处看仿佛是树着了火一样。

对于新西兰人，新西兰圣诞树拥有重大的文化意义。在毛利人的神话传说中，一个名叫塔华基（Tawhaki）的年轻武士踏上为父亲之死报仇的旅程。他前往天国寻求帮助，却落到地上摔死了。新西兰圣诞树的红花代表他飞溅的鲜血。毛利人使用这种树造船、雕刻、制造多种工具并将它用在传统药物中。

当欧洲殖民者抵达新西兰并见到这种树在12月开花的时候，他们给它起了"新西兰圣诞树"（New Zealand Christmas tree）这个名字。从那以后，它就在新西兰成了圣诞传统的重要象征。这种树的植物学学名强调了它的品质和个性：铁心木属名 *Metrosideros* 来自希腊语，意为"铁木"，因为生长缓慢的红色木材沉重而坚硬；而种加词 *excelsa* 是拉丁语，意为"高耸的"或者"最高的"。木材用作薪柴，还因其经久耐用受到造船业的青睐。

对页图：新西兰圣诞树对毛利人有重大意义，并被认为是一种 taonga，被珍视的实体。它们还是新西兰最具标志性的桃金娘科物种。

毛利人传统上相信，当他们死去时，他们的魂灵会抵达北岛末端雷因格海角（Cape Reinga）附近的一棵特别古老而神圣的新西兰圣诞树（据说超过 600 岁）。到达之后，他们沿着树根向下前往一个神圣的洞穴，然后继续前往灵性世界。雷因格海角是塔斯曼海和太平洋的汇聚之处，并被视为离开尘世的最后一个启程点。

尽管它很受尊重，但这种神圣的树和桃金娘科的其他近缘物种正在引起人们的担忧，因为新西兰最近发现了桃金娘锈病菌。这种致命的风媒真菌性病原体在 19 世纪 80 年代首次发现于巴西，但直到 20 世纪 70 年代才引起关注，最近已经迅速跨过太平洋，目前威胁着新西兰的本土植物和重要的作物。新西兰圣诞树还受到来自澳大利亚的入侵袋貂的侵袭，它们喜欢吃树叶和芽；火灾和土壤压实等人类扰动也有影响。据估计，在 1990 年时，多达 90% 的沿海本土树受损或被毁。万幸的是，从那以后又有成千上万棵树被重新种植，而且随着多个种子库搜集了大量种子以防万一，这个物种的未来得到了保障。

受威胁和濒危的树木

富兰克林树

The Franklin tree

这种树的特别之处是，它是用一位美国国父的名字命名的。作为山茶科（Theaceae，该科还包括茶）的一员，富兰克林树（*Franklinia alatamaha*）的发现、引入栽培和后续的历史也是一段引人入胜的故事。1765 年，英国国王乔治三世（George III）任命宾夕法尼亚贵格会教徒、农场主和植物收藏家约翰·巴特拉姆（John Bartram）为北美皇家植物学家。这个职位让他能够搜集植物腊叶标本、种子和活体材料并移栽到自己的花园，以及通过海运将它们运到欧洲的花园，例如皇家植物园邱园。同年晚些时候，约翰和他的儿子威廉·巴特拉姆（William Bartram）在探索今美国佐治亚州境内奥尔塔马霍河（River Altamaha）两岸时遇到了一小片树林，树林里的树是他们从未见过的。当时是 10 月，树上结着果实，但是巴特拉姆父子不确定这种植物到底是什么。一开始它因外表像大头茶属植物 *Gordonia lasianthus*（英文名 loblolly bay）被误作该属植物，并被命名为 *Gordonia pubescens*，因为它的果实有毛。[注]

> 正如威廉·巴特拉姆自己也承认的那样，富兰克林树为什么只分布在如此有限的区域是个无人知晓的谜团。

威廉·巴特拉姆后来回到同一地点，看到了正在开花的树。他在自己出版的《游记》（*Travels*）中这样描述它们，"非常大……颜色雪白，装点着一簇金光灿烂的雄蕊"。他认为这种树"就花的美丽和芳香而言是第一流的"。他采集的材料寄到英国后在伦敦得到了卡尔·林奈的学生、瑞典博物学家丹尼尔·索兰德的研究，并被鉴定为一种全新的植物。该属被命名为 *Franklinia*（洋木荷属），以纪念约翰·巴特拉姆亲密的朋友本杰明·富兰克林，帮助起草了美国《独立宣言》的政治家和作家。

种加词来自奥尔塔马霍河的名字（不过拼写稍有不同），这片树林曾经在河边生长。曾经，因为这里是这种树唯一曾被观察到自然生长的地方，而且自从 1803 年以后，它再也没有过可靠的目击记录，目前被认为已经野外灭绝。威廉·巴特拉姆繁殖了一些他采集的植物材料，并将这种树种在他位于宾夕法尼亚的花园，也是美国的第一座植物园，1728 年由约翰·巴特拉姆建立于费城附近斯古吉尔河的岸边。如今世界各地种植的所有富兰克林树都是当年种在巴特拉姆花园里的树的后代。

富兰克林树是一种株型直立的落叶大灌木或小乔木，在理想条件下可以长到 10 米高。在栽培中，它更常长成 4 米至 7 米高的较小乔木。它会大量萌蘖，可以种植成多干式或单干式，展示灰色树皮。成年树木的树皮上有垂直隆起的条纹。拉长的深绿色叶片可以长达 15 厘米，在秋天变成浓郁的橙红色。富兰克林树因其夏季盛开的花朵受到珍视，花硕大洁白，形似山茶，香味有点像橙花或忍冬。然而在欧洲栽培时，这种树直到深秋才开始开花，很可能是因为夏季的温度不如美国东部自然生境的高，而它需要积累足够的热量令长着花芽的柔软新枝成熟。授粉后结出的球形果实需要一年才能成熟。成熟时果皮开裂，释放出有生活力的种子。

正如威廉·巴特拉姆自己也承认的那样，富兰克林树为什么只分布在如此有限的区域是个无人知晓的谜团。同样无人能够解答的是它为什么从野外消失，可能的原因包括来自棉花种植园的某种病原体，或者人类、洪水或火灾造成的破坏。

虽然可能难以栽培或移植，但是一旦落地生根，富兰克林树的寿命会很长，完全配得上你为之花费的精力。任何成功种植这种美丽树木的人也是在为将来保存它的血脉，阻止它走向灭绝。

[注] *pubescens* 意为 "有毛的"。

富兰克林树

智利南洋杉

Monkey puzzle

看上去像史前遗留下来的物种（它确实是），这种辨识度高且非同寻常的树木拥有又高又直的树干（老树常常缺失顶端），树冠由水平分层的树枝构成，坚硬扎人的叶在树枝上排列成行。它就是智利南洋杉（*Araucaria araucana*），一种在维多利亚时代深受喜爱并作为孤植树广泛种植在公园和大型花园里的观赏乔木。维多利亚时代的人们为它古怪的形状和姿态着迷，这让它在花园里更像是奇珍异宝而不是一种有用的植物。它属于从大约2亿年前就生活在地球上的南洋杉科，而它那尖锐如针的叶片曾经令它免遭早已灭绝的远古食草动物的侵扰。和那些动物不同，这种树生存至今。

和所有好的植物学家一样，孟席斯没有吃掉这些种子，而是将它们装进口袋，而且回到皇家海军舰艇"发现号"上之后，他播种了它们。

智利南洋杉自然生长在智利中南部的森林里，包括安第斯山脉西坡海拔900米至1800米之间的火山土上，和纳韦尔布塔国家公园的沿海山脉中，此外在阿根廷西南部的安第斯山脉还有一个小型种群。1990年，它被宣布为"天然纪念碑"，并且是智利的国树。

第一个发现这种树的西方人是西班牙探险家唐·弗朗西斯科·丹达利亚勒纳（Don Francisco Dendariarena），这件事发生在1780年，但直到15年后的1795年，它才被阿奇博尔德·孟席斯引进栽培。孟席斯是外科医生、博物学家和植物学家，当时正在乔治·温哥华船长的率领下登上英国皇家海军舰艇"发现号"参加温哥华探险队。这次长途探险持续了4年零6个月，得到的命令是准确勘测太平洋海岸和深入北美内陆的可供航行的河流，与此同时搜集信息和满足孟席斯的研究需求。在这场史诗远航的返程途中，温哥华停驻智利港口瓦尔帕莱索，为了漫长的归途对自己的船进行至关重要的维修和

对页图：智利南洋杉是一种看上去很有史前感的常绿乔木，可以活1000年，长到50米高。对于种植在花园里的幼年树木，垂至地面的分枝也会留在树上，只有当它长到成年，底层分枝才会脱落。

受威胁和濒危的树木

智利南洋杉

改装。在为期 5 周的逗留期间，温哥华和孟席斯受瓦尔帕莱索之邀赴宴，上餐后甜点时，他们发现自己面前摆放着一种不同寻常的坚果。和所有好的植物学家一样，孟席斯没有吃掉这些种子，而是将它们装进口袋，而且回到皇家海军舰艇"发现号"上之后，他播种了它们。

等到探险队返回英格兰时，他有了 5 棵智利南洋杉幼苗，并将它们送给了邱园的约瑟夫·班克斯爵士，国王乔治三世的花园顾问。这些树在邱园里活到 1892 年，在此期间，它们引起了植物学上的重大兴趣和好奇心。19 世纪还见证了它沿用至今的英文名 monkey puzzle tree（"猴子发愁树"）的诞生。住在康沃尔郡博德明彭卡罗庄园（Pencarrow）的威廉·莫尔斯沃思爵士（Sir William Molesworth）自豪地在自己的庄园里种了一棵年轻的树，据说当他向自己的朋友们展示这棵树时，其中的一个人是名律师，他开口评论道，"它会让任何想要爬上去的猴子发愁"。于是它就成了 monkey puzzler（"让猴子发愁

的树"），尽管智利和康沃尔郡都没有猴子，后来字母"r"又被省去了。

　　埃克塞特郡维奇苗圃的詹姆斯·维奇（James Veitch）在邱园见过孟席斯的树，后来他雇了来自康沃尔郡的植物搜集者威廉·洛布前去寻找并带回智利南洋杉的种子。智利南洋杉的球果长于树顶的末梢上，而这种树是无法攀爬的，洛布的办法是开枪将球果打下来，然后让他的脚夫捡起地上的球果。通过这种方法，他一共采集到3000多粒种子。洛布在1842年将这些种子运回维奇苗圃，等到1884年时，使用这些种子种出的树苗已经可以出售了。

　　智利南洋杉是一种壮丽的常绿乔木，可以活1000年。它可以长到50米高，树干很粗，覆盖着耐火树皮，基部像大象的脚。幼树的分枝垂至地面，但是随着树木生长，较低的分枝逐渐脱落。叶片尖锐有光泽，仿佛爬行动物的鳞片一样螺旋状排列在水平树枝上，树枝末端生长着硕大的圆形雌球果，每个球果含有多达200粒3厘米至4厘米长的坚果状种子。它们需要2年才能成熟。生活在阿若奥卡尼亚（Araucania，其种加词的来源）地区的马普切人（Mapuche）认为智利南洋杉是神圣的。他们食用富含碳水化合物和蛋白质的种子（当地称为piñones），做法也许就是孟席斯和温哥华在瓦尔帕莱索的宴会上见到的那样。

　　智利南洋杉的木材轻而柔软，曾用于建筑业、地板和造纸木浆，还用于制造船的桅杆，导致它遭到伐木和毁林。但是如今这种木材的国际贸易是非法的，因为这种树被列入了《濒危野生动植物物种国际贸易公约》，而且是国际自然保护联盟《受威胁植物红色名录》中的濒危物种。智利南洋杉如今在纳韦尔武塔山脉（Cordillera de Nahuelbuta），即智利沿海山脉的一部分中仍有分布。纳胡埃布塔这个名字来自当地马普切语，nahuel是指"美洲虎"，futa的意思是"大"，因为这些大型猫科动物生活在壮丽的树木之中。在这里的一座古老农庄的墙壁上，仍然能看到一张铭牌，上面的铭文是"玛丽安娜·诺斯，1884年"。诺斯是维多利亚时代的著名植物画家，她在13年期间进行了两次全球旅行，在珍稀植物的自然栖息地描绘它们的样子。她肯定是独自一人来到这个地方的，最有可能骑着一匹马，带着她的所有绘画材料和给养。她在去世的6年前将自己的全部画作捐赠给了皇家植物园邱园图书馆、美术馆和档案馆收藏，如今她的832幅油画和246种不同种类的木头，包括智利南洋杉在内，都在邱园中一个专门为此建造的画廊展出。

银杉

Chinese silver fir

========

作为长江上游大娄山脉的一分部，位于中国重庆市南川区的金佛山是一种珍稀且美丽的松柏植物的家园。在这座海拔 2251 米的石灰岩山上，有一个受到严密保护的小型银杉（*Cathay argyrophylla*）种群。属名 *Cathaya* 是它的祖国历史上的名字，而种加词 argyrophylla 在希腊语中意为"银叶"，描述的这种树的针叶背面呈醒目的银色。

这种不同寻常且踪迹难寻的树是该属的唯一物种，直到距今相当近的 1955 年才被中国科学家在四川东部发现……。

这种不同寻常且踪迹难寻的树是该属的唯一物种（单型物种），直到距今相当近的 1955 年才被中国科学家在四川东部（南川区当时属于四川，称南川县）发现，经鉴定后被认为与上新世的植物化石有亲缘关系。[注] 从那以后，它又在湖南、广西和贵州的其他一些偏僻的地方被发现，喜欢生长在海拔 900 米至 1900 米之间人迹罕至的开阔山坡和山脊，常常被浓厚的云层笼罩，生长环境湿度很大。银杉似乎是生长在混生常绿阔叶林中的天然珍稀物种，据估计它只有 500 至 1000 个成年个体。它可以长到 20 米或更高，拥有一根笔直的圆柱形树干和深灰色剥落树皮。针状叶长 4 厘米至 6 厘米，正面深绿色，背面有两条银色条带，因此得名，

幸运的是，大多数生长在中国的银杉如今都位于自然保护区内，在那里受到最高级别的保护，人员进入受严格控制。在其自然生境见过这种"活化石"的西方人非常少。一支在 1996 年前往金佛山的植物学探险队必须首先从当地警察、当地旅游局、林业部门、公安局、驻军以及市长办公室派出的代表那里获得许可证，然后甚至被 6 名中国官员全程护送。银杉在他们头顶的迷雾上空隐约显现，它们下面有一块露出地面的石灰岩岩层，岩壁上的每一处凹

对页图：作为一种活化石，银杉是一种高大的树木，可以长到 20 米高，有圆柱形树干、几乎水平的分枝和深灰色剥落树皮。它在位于中国的自然生境非常稀有，如今在自然保护区内受到严格保护。

受威胁和濒危的树木

银杉

陷和落脚处都被混凝土填平或凿去，防止任何人爬到树边。

在当时，对活体植物材料的采集受到限制，而且中国禁止出口或分发银杉树木或种子。因此，对于在报道中被中国植物学家称为"植物界大熊猫"的银杉，外部世界知之甚少。这种树还有可能生长在中国之外吗？官方禁令后来被解除了，种子通过林业研究所和植物园扩散到世界各地，包括位于悉尼和爱丁堡的相关机构和哈佛大学的阿诺德树木园。不过它仍是一种罕见于栽培的树，而且虽然其他地方没有成年树木生长，但至少中国的种群正在受到高级别的保护，包括中国政府颁布的砍伐禁令。但是由于多种原因，自然再生的状况似乎不佳，而且这种树的种子被啮齿类动物、鼯鼠和白鹇食用，它们还会吃掉幼苗。

栽培在花园里的少数银杉仍然年幼，如今正在首次开花结实。结出的种子已经萌发，未来将很快有更多幼树补充到现有的资源中，进一步保证这种受威胁树木的生存。银杉还没有成为它值得成为的广泛应用的花园观赏植物，但是无论它种在哪里，都一定会因为它的美丽和珍稀受到珍视。

上图：银杉的针叶正面呈深绿色，背面有两条银色条带，除了中英文名字之外，学名种加词 *argyrophylla* 也因此得名，在希腊语中意为"银叶"。

[注] 据中国林学会网站发布的《银杉发现始末》记载，钟济新教授 1955 年率队在广西龙胜县发现并采集了银杉标本寄给北京陈焕镛教授鉴定，后者确定其为新属新种，命名为银杉（*Cathaya argyrophylla*）。同时，在北京一间标本室里找到 1938 年采自四川南川县金佛山的相似标本，命名为南川银杉（*Cathaya nanchuanensis*）。1959 年，郑万钧教授将南川银杉并入银杉。

凤尾杉

Wollemi pine

下图: 已知最古老的凤尾杉近缘物种化石来自 9000 万年前, 而且这种树被认为早已灭绝, 直到 1994 年少数个体被发现生长在距离澳大利亚悉尼不远的偏僻峡谷中。

1994 年 9 月 10 日, 来自新南威尔士国家公园的大卫·诺布尔 (David Noble) 独自一人, 在蓝山瓦勒迈国家公园偏僻且人迹罕至的陡峭砂岩峡谷里进行丛林徒步旅行, 此地位于澳大利亚最大城市悉尼的西北方向, 和悉尼的距离只有大约 150 千米。他遇到了一种看上去非常不同寻常的陌生树木, 尽管他曾在这些荒野峡谷中徒步多次, 但之前从未见过它。他采集了少量枝叶标本并将其带回悉尼的皇家植物园供那里的分类学家鉴定。这是一个震惊植物学界的重大发现, 因为它被认为是科学界未知的新树木物种。这种树后来被命名为凤尾杉 (*Wollemia nobilis*)。属名源自瓦勒迈国家公园, 其中原住民语单词"瓦勒迈" (wollemi), 意为"看看你的周围, 睁大你的眼睛, 保持警惕"; 种加词意为"宏伟的", 同时反映了这种树的品质, 和它的发现者大卫·诺布尔。

尽管在英文中叫作"pine", 但它根本不是真正的松树, 而是非常原始的南洋杉科的一员, 从侏罗纪早期 (约 2 亿年前) 至白垩纪末期 (约 6500 万年前), 该科植物曾大量分布在全世界的森林。该科的另外两个属如今主要局限在南半球, 即贝壳杉属 (202 页) 和南洋杉属 (232 页)。已知最古老的凤尾杉近缘物种化石来自 9000 万年前, 人们曾经以为这种树早在大约 200 万年前就灭绝了。因为在 1994 年激动人心地重新出现之前, 它只有化石记录, 所以它被称为"拉撒路分类群" (Lazarus taxon), 即活化石。

凤尾杉

受威胁和濒危的树木

凤尾杉是高大的常绿松柏类乔木，高达 40 米，树干直径约 1.2 米。在超过 10 岁的成年树干上，树皮有独特的结瘤，长得像冒泡的巧克力。这种树独特的分枝习性意味着它从不在从树干长出的主分枝上生长横向枝条。和它的近缘兄弟物种智利南洋杉一样，凤尾杉的叶片也呈螺旋状排列，并且扁平地排列成 2 或 4 排，让它很容易辨认。在冬季休眠时，顶芽覆盖着一层称为"极冠"（polar cap）的白色树脂，保护生长锥免遭低温伤害。它被认为是这种树从冰期存活下来的原因。春天一旦到来，新鲜柔软的浅绿色叶片就会穿透这层树脂并开始生长，逐渐变成成熟的蓝绿色。

自从凤尾杉被首次发现以来，人们又找到了两片小树林，但如今成年个体的数量仍然不足 100 棵。大多数个体从基部长出多根树干，有些树的树干甚至数以百计。这种天然平茬系统可能是作为一种防御机制进化出来的，以抵御火灾和生长这种树的陡峭峡谷容易发生的落石，也确保它幸存到今天。然而，这也说明一点，这些树可能是无性克隆个体，而且已经有人指出其现存个体之间的遗传差异极小。

凤尾杉被认定为极危物种，如今在澳大利亚受到保护，任何冒险进入这条偏僻峡谷（具体位置是保密的）的人，一经发现将受到起诉。这种保护措施是为了防止一种植物病害的引入。它是一种急性根腐病，病原体是樟疫霉（*Phytophthora cinnamomi*），附着在人的鞋上引入后会对脆弱的植物种群造成巨大的环境伤害。作为这种树的保育策略的一部分，幼树已经得到栽培，并分发或出售到世界各地。在蓝山的托玛山植物园，一片定植凤尾杉林生长在模仿这种树的自然生境并立有栅栏的峡谷中，保卫着这种拥有重大植物学意义的树木的基因池。凤尾杉可以被当之无愧地称为树木界的恐龙，通向远古时代的活生生的纽带。如果我们果真按照"wollemi"这个词在原住民语中的原意行事，也许我们重新发现它的时间还会早得多。

胶菀木

St Helena gumwood

作为一种虬结多瘤、看上去十分坚韧的树，胶菀木（*Commidendrum robustum*）是圣赫勒拿岛的镇岛之树。圣赫勒拿岛是海洋中一个偏远的小点，与非洲海岸相距 1930 千米。胶菀木原产于这座海风劲吹的南大西洋火山岛，并且只生长在地球的这个角落，它们形成的森林曾经覆整着半座圣赫勒拿岛上的大片山坡。然而，随着毁林、农业、非本土物种的引进以及 17 世纪到来的英国殖民者对这种树的木材的利用，胶菀木已经只剩下两个彼此隔离的小型野生种群。如今它被认定为极危物种。

胶菀木原产于这座海风劲吹的南大西洋火山岛，并且只生长在地球的这个角落，它们形成的森林曾经覆整着半座圣赫勒拿岛上的大片山坡。

胶菀木的叶片厚而多毛，构成伞形树冠，可以长到 8 米高，下垂的白色小花生长在树枝末端。这些外表不同寻常的花由多种昆虫造访，包括一种本地特有的食蚜蝇，一旦授粉，它们会发育成各含一粒种子的单果。种子由风传播，如果落在适宜地点而且幼苗没有被食草动物吃掉的话，很容易萌发生长。

2013 年，经科学家清点，圣赫勒拿岛上只剩下 679 棵野生个体，由于家畜、老鼠和兔子的啃食以及抑制幼苗的入侵杂草，它们很难产生新一代的树苗。成年树木也在遭受入侵害虫之苦，如吸食树液的蓝花楹虫。不过这种独特的树如今受到保护，而且已经成为岛民组织的环保运动的焦点。"胶菀木卫士"正在种植新树苗，在这些树的自然生长区帮助清除杂草和老鼠，并竖起栅栏放置牛羊啃食。"千年森林"（Millennium Forest）计划是一项特别重要的活动，它由圣赫勒拿岛国家信托领导，并受到当地居民社群的支持。自 2000 年以来，已有大约 10,000 棵树种植在 35 公顷的土地上，重新恢复了一个旧称"大树林"

受威胁和濒危的树木

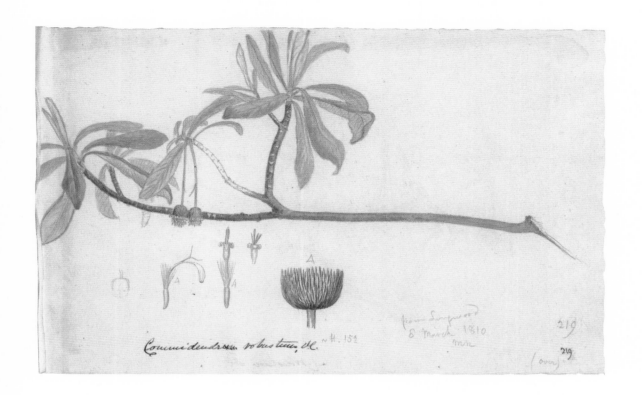

Commidendrum robustum, &c. ~ H. 15?

from Longwood 8 March 1810 mm

219

(over) 219

上图：这张图是旅行家和热忱的园艺工作者威廉·伯切尔（Wiliam Burchell）在 1810 年 3 月绘画的，它准确地描绘了这种不寻常树木的树叶和下垂的白色花。伯切尔看到这些花的时候，它们已经开始凋谢了。

（Great Wood）的林地，这里曾被 1659 年抵达的早期殖民者完全摧毁。一共大约 250 公顷的土地被纳入胶菀木和其他濒危树木的重新造林计划中，据估计完成这项计划还需要另外 55,000 棵树。在志愿者、圣赫勒拿政府以及英国皇家植物园邱园的帮助下，圣赫勒拿国家信托基金还在这座岛屿上努力种植和恢复许多其他特有物种。他们建立了种子库以确保它们的生存，还创造了一个在线标本馆以辅助研究。

圣赫勒拿岛植被的开发和毁灭历史是许多岛屿的缩影，但是拥有亿万年进化史的物种的损失并非不可避免。这是又一个正面的例子，表明坚定且乐观的人们可以试图逆转这个过程，确保这些特别的树种继续留存。

褐咖啡

Café marron

================

如果需要证据说明一位启迪人心的教师能够改变世界，那么褐咖啡（*Ramosmania rodriguesii*）的故事就是证据。这个物种只生长在印度洋马斯开伦群岛（Mascarene Archipelago）中的小岛罗德里格斯岛上，曾被认为已经灭绝了几十年，因为多次植物学考察都没有发现它的踪影。然而在 1984 年，小学教师雷蒙德·A. 基（Raymond A. Keeh）鼓励自己的学生去当地搜集植物，看看他们能够找到任何本地物种。一个名叫赫德利·马南（Hedley Manan）的小学生震惊了所有人，他带回的一件标本后来被认定来自当时据信已经灭绝的褐咖啡仅存的一株活体。

这种很有个性的小乔木仅 2 米至 4 米高，幼年和成年形态有很大差异（异形叶性的一个例子）。幼年植株拥有细长的带状叶片，长达 30 厘米，带有深棕色、褐色和深红色小斑点，中央下部有一粉色条带。进化出这种颜色被认为是为了抵御食草动物，可能包括一种巨大的陆龟以及和渡渡鸟相似的罗得里格斯愚鸠，它们现在都已经灭绝。当植株长到大约 1 米至 1.5 米时，树叶会变成较短且有光泽的深绿色卵圆形对生叶片。美丽的白色星状花在雄株上构成花序，在雌株上单生。

这个唯一幸存的野生个体紧邻一条道路，而且当地人很喜欢将它用在缓解宿醉的药方里，于是它很受得到了栅栏的保护。1986 年，插穗乘飞机运往英国皇家植物园邱园，并被带到专业苗圃和微繁生产间。一根插穗在苗圃成功生根并生长在那里，然后通过连续采集插穗，一个健康的小型克隆种群很快就建立了起来。最终，它们开始开花，但是在之后的许多年里，邱园的工作人员都无法为花成功授粉，因此也无法得到有生活力的种子，这对于

对页图：成年褐咖啡树的卵圆形叶片呈深绿色、有光泽，对于这种濒危树木的白色星状花而言是完美的背景。这件叶片干制标本保存在皇家植物园邱园的标本馆里。

受威胁和濒危的树木

这种树的未来至关重要。这种情况一直持续到卡洛斯·马格达莱纳（Carlos Magdalena）的参与。卡洛斯是邱园的一名热忱的园艺学家，如今以拯救被认为没有野外存活希望的植物物种著称。因为他在挽救濒危物种方面取得的多次成功，他甚至被称为"植物弥赛亚"。

2003 年，卡洛斯开始研究褐咖啡成功授粉结实所必需的条件。他发现更炎热和明亮的环境是关键，然后通过精心设计实施的人工授粉，他最终得到了里面有种子发育的果实。种子萌发出了健康的幼苗，然后人们就发现幼年植株拥有独特的叶片，再然后又发现雄株和雌株拥有不同的开花习性。雄花和雌花的杂交授粉得到了一个健康得多的新世代。大约 50 株树苗得到精心养育，而且许多现在已经成功返回罗德里格斯岛。褐咖啡的故事凸显了岛屿植物的脆弱性，但是我们希望这种树已经从灭绝边缘中拯救出来，可以在它的故乡小岛上再次自由生长。

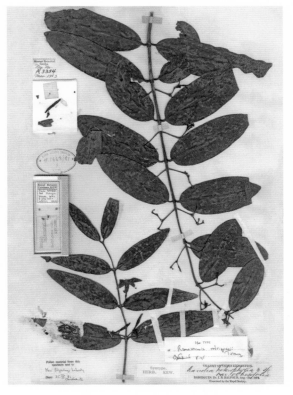

褐咖啡

桃柘罗汉松

Tōtara

━━━━━━━

罗汉松（*Podocarpus macrophyllus*）属于古老的松柏类植物大科，罗汉松科（Podocarpaceae），其家世可以追溯到超级大陆冈瓦纳，这座古大陆在数亿年前占据着地球的南半球。随着冈瓦纳大陆的分裂和缓慢漂移，罗汉松以及其他物种开始改变和进化，如今该科成员仍然分布在南半球各地。新西兰如今有 13 个名为罗汉松的物种，其中最著名的一些常常被用毛利语名字称呼，例如 rimu、kahikatea、miro、mataī 和 tōtara。其中 tōtara 这个名字实际上是对罗汉松属（*Podocarpus*）4 个不同物种的统称。这 4 种罗汉松曾经生长在遍布新西兰的广阔原始森林中。

桃柘罗汉松和毛利人文化紧密相连，而且这种木材被大量用于他们美丽且有复杂花纹的雕刻中。

这些物种中最受重视的一种是桃柘罗汉松（*Podocarpus totara*）。作为新西兰的部分物种，它野生于北岛以及南岛的部分地区。在肥沃的低地拔地而起 40 米，这种松柏类植物拥有独特的外表，叶片细长而扁平，质地坚硬、强韧；呈棕色的树皮粗糙而厚实，可呈片状剥落，树干因此显得沟壑纵横。这个物种有彼此独立的雄株和雌株，雄株生长产生花粉的葇荑花序，雌株生产红绿相间的肉质球果，它们看上去有点像浆果而且可以食用。

这种生长缓慢的森林巨人有很多用途。毛利人对其高品质木材的看重胜过所有其他树木，包括新西兰贝壳杉（202 页）。它质轻结实，极为耐用且防腐；同时，它还易于加工，而且其红棕色调为任何使用这种木材制造的物品增添了一种令人愉悦之感。这种木材被用来建造房屋、家具、工具、武器和器械，但最主要的是制造独木舟（毛利语称为 waka）。结实的桃柘罗汉松心材是制作独木舟的上选，这种独木舟可以做成不同的尺寸。最大的能容纳多达 100 人，

受威胁和濒危的树木

对页图：桃柘罗汉松的木材容易加工，被毛利人用于制作木雕，包括面具，如这张画的中央所示。画上除了面具，还有毛利人使用的其他物品，它是由参加"奋进号"航行的画家悉尼·帕金森绘制的。

下图：特殊战船独木舟，最大的可以容纳多达100人，是用桃柘罗汉松的心材制造的。在奥古斯塔斯·厄尔（Augustus Earle）制作的这幅平版印刷画中，一位毛利人酋长正在向一群武士发表演讲，他们刚刚从拉上海滩的一条独木舟上下来。

是运送最勇猛的武士前往战场的特制战船。桃柘罗汉松和毛利人文化紧密相连，而且这种木材被大量用于他们美丽且有复杂花纹的雕刻中。时至今日，这些木雕仍被用来讲述和他们的祖先以及历史相关的故事，而且在某些情况下据说还能提供保护。随着时间的推移，起源于波利尼西亚的毛利木雕发展出了极具特色的个性，不同的雕刻风格出现在新西兰的不同地区。雕刻工在毛利人的社群中成为受到高度尊重的成员，而且这种艺术在今天与部落认同紧密相连。

桃柘罗汉松在毛利人传统医药中的应用包括：通过焚烧树皮制造烟雾，用以治疗皮肤病和性病；用树叶制成一种浸提液，用以治疗肠胃不适；水煮内层树皮，用来制作一种治疗发烧的药水。罗汉松属植物的心材含有一种名为桃柘酚（totarol）的化合物，正是它决定了这种木材的防腐性能。这是潜在的兴趣点，因为研究显示它有抗菌功效，或许可以应用在药品、化妆品甚至牙科产品中。

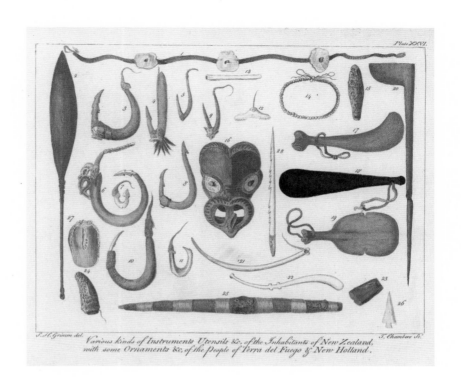

桃柘罗汉松曾被新西兰的欧洲殖民者大量砍伐，他们出于许多和毛利人同样的用途看重这种木材，但也将它用于铁轨枕木、港口打桩以及最主要的栅栏立柱。为了建造和农业的毁林活动大大减少了罗汉松森林的面积，但如今这些树受到法律保护；只有在保护区之外自然倒下的老年原木才能用作木材或雕刻原料。虽然生长缓慢，但是桃柘罗汉松相对容易繁殖，而且可以活到1000年。生长在国王乡并被称为"珀瓦卡尼"（Pouakani）的冠军树高约40米，据说有1800岁。

如今罗汉松类植物以及许多桃金娘科物种都面临着一种新的威胁，这种威胁来自一种由风传播的真菌，叫桃金娘锈病菌。它从巴西跨越太平洋，在2017年抵达新西兰，如今在这里和许多其他国家威胁着许多独一无二的本土植物物种。新西兰正在与邱园的千年种子库合作，试图保存这个濒危物种尽可能多的种子，以此作为这个濒危物种长期生存的保险措施。古老的森林曾经占据新西兰的大片土地，如今它们的残留正在恢复，而这种拥有如此古老的家世并且和原住民文化如此密切相关的标志性树木也许将再次大量出现。

拓展阅读

Ashburner, Kenneth, and Hugh McAllister, *The Genus Betula, A Taxonomic Revision of Birches* (Richmond: Kew Publishing, 2016)

Aughton, Peter, *Endeavour, The Story of Captain Cook's First Great Epic Voyage* (London: Cassell, 2002)

Bail, Murray, *Eucalyptus* (London: Vintage Publishing, 1998)

Bain, Donald, *Explore the Methuselah Grove* (Nova Online, 2001)

Barwick, Margaret, *Tropical and Subtropical Trees. A Worldwide Encyclopaedic Guide* (Portland, OR: Timber Press/London: Thames & Hudson, 2004)

Bean, William Jackson, *Trees and Shrubs Hardy in the British Isles* (London: John Murray, 1950)

Bowett, Adam, *Woods in British Furniture-making 1400–1900. An Illustrated Historical Dictionary* (Wetherby: Oblong Creative Ltd/ RBG Kew, 2012)

Briggs, Gertrude, *A Brief History of Trees* (London: Max Press, 2016)

Brooker, Ian, and David Kleinig, *Eucalyptus: An Illustrated Guide to Identification* (Chatswood, NSW: New Holland Publishers, 2012)

Brooker, Ian, and David Kleinig, *Field Guide to the Eucalypts, Vol.1 South-eastern Australia* (Melbourne and Sydney: Bloomings Books, 1999)

Buchholz, J. T., 'The Distribution, Morphology and Classification of Taiwania (Cupressaceae): An Unpublished Manuscript (1941)', *Taiwania International Journal of Life Sciences*, 58 (2), 2013, 85–103

Bynum, Helen and William, *Remarkable Plants That Shape Our World* (London: Thames & Hudson/Chicago: University of Chicago Press, 2014)

Carey, Frances, *The Tree: Meaning and Myth* (London: British Museum Press, 2012)

Christenhusz, M., M. Fay, and M. Chase, *Plants of the World* (Richmond: Kew Publishing/Chicago: University of Chicago Press, 2017)

Crane, Peter, *Ginkgo* (New Haven and London: Yale University Press, 2013)

Davidson, Alan, *The Oxford Companion to Food* (Oxford: Oxford University Press, 2006)

Desmond, Ray, *The History of the Royal Botanic Gardens, Kew* (Richmond: Kew Publishing, 2007)

Dirr, Michael, *Manual of Woody Landscape Plants* (Champaign, IL: Stipes Publishing Company, 1990)

Dransfield, John, N. W. Uhl, and C. B. Amundson, *Genera Palmarum: The Evolution and Classification of Palms* (Richmond: Kew Publishing, 2nd ed., 2008)

Drori, Jonathan, *Around the World in 80 Trees* (London: Lawrence King Publishing, 2018)

Evarts, John, and Marjorie Popper (eds), *Coast Redwood: A Natural and Cultural History* (Los Olivos, CA: Cachuma Press, 2001, revised 2011)

Farjon, Aljos, *World Checklist and Bibliography of Conifers* (Richmond: Kew Publishing, 2001)

Farjon, Aljos, *A Natural History of Conifers* (Portland, OR: Timber Press, 2008)

Farjon, Aljos, *Ancient Oaks in the English Landscape* (Richmond: Kew Publishing, 2017)

Flanagan, Mark, and Tony Kirkham, *Wilson's China: A Century On* (Richmond: Kew Publishing, 2009)

Flanagan, Mark, and Tony Kirkham, *Plants from the Edge of the World: New Explorations in the Far East* (Portland, OR: Timber Press, 2005)

Fry, Carolyn, *The Plant Hunters: The Adventures of the World's Greatest Botanical Explorers* (London: Andre Deutsch, 2017)

Fry, Janis, *The God Tree* (Milverton: Capall Bann Publishing, 2012)

Gardner, Martin, Paulina Hechenleitner Vega, and Josefina Hepp Castillo, *Plants from the Woods and Forests of Chile* (Edinburgh: Royal Botanic Garden, Edinburgh, 2015)

Gittlen, William, *Discovered Alive: The Story of the Chinese Redwood* (Berkeley, CA: Pierside Publishing, 1999)

Grant, Michael C., 'The Trembling Giant', *Discover Magazine*, October 1993

Grimshaw, John, 'Tree of the Year: *Taiwania cryptomerioides*', International Dendrology Society Yearbook 2010, 24–57

Grimshaw, John, and Ross Bayton, *New Trees: Recent Introductions to Cultivation* (Richmond: Kew Publishing, 2009)

Hageneder, Fred, *Yew: A History* (Stroud: Sutton Publishing, 2007)

Hall, Tony, *The Immortal Yew* (Richmond: Kew Publishing, 2018)

Harkup, Kathryn, *A is for Arsenic: The Poisons of Agatha Christie* (London: Bloomsbury, 2016)

Harmer, Ralph, *Restoration of Neglected Hazel Coppice* (Forest Research Information Note, 2004)

Harrison, Christina, and Lauren Gardiner, *Bizarre Botany* (Richmond: Kew Publishing, 2016)

Harrison, Christina, Martyn Rix, and Masumi Yamanaka, *Treasured Trees* (Richmond: Kew Publishing, 2015)

Hillier, John, *The Hillier Manual of Trees and Shrubs* (Newton Abbott: David & Charles, 1998)

Hogarth, Peter J., *The Biology of Mangroves and Seagrasses* (Oxford: Oxford University Press, 3rd ed., 2015)

Honigsbaum, Mark, *The Fever Trail. In Search of the Cure for Malaria* (London: Macmillan, 2001/New York: Farrar, Straus & Giroux, 2002)

Johnson, Owen, *Tree Register of the British Isles, TROBI* (London: Kew Publishing, 2003)

Johnson, Owen, *Arboretum: A History of the Trees Grown in Britain and Ireland* (Stansted: Whittet Books, 2015)

Lancaster, Roy, *The Hillier Manual of Trees and Shrubs* (London: Royal Horticultural Society, 8th ed., 2014)

Lanner, Ronald M., *Conifers of California* (Los Olivos, CA: Cachuma Press, 2002)

Lewington, Anna, and Edward Parker, *Ancient Trees: Trees that Live for a Thousand Years* (London: Batsford, in association with RBG Kew, 2012)

Lonsdale, David, *Ancient and Other Veteran Trees: Further Guidance on Management* (London: The Tree Council, 2013)

Lyle, Susanna, *Vegetables, Herbs and Spices* (London: Frances Lincoln, 2009)

McNamara, William A., 'Three conifers south of the Yangtze' (Quarryhill Botanical Garden, 2005; http://www.quarryhillbg.org/page16.html. Accessed 16 April 2019)

Magdalena, Carlos, *The Plant Messiah. Adventures in Search of the World's Rarest Species* (London: Viking, 2017)

Manniche, Lise, *An Ancient Egyptian Herbal* (London: British Museum Press, 2006)

Miles, Archie, *The British Oak* (London: Constable, 2013)

Mills, Christopher (ed.), *The Botanical Treasury* (Andre Deutsch in association with RBG Kew, 2016)

Milton, Giles, *Nathaniel's Nutmeg: How One Man's Courage Changed the Course of History* (London: Hodder & Stoughton/New York: Farrar, Straus & Giroux, 1999)

Mitchell, Alan, *Alan Mitchell's Trees of Britain* (London: Collins, 1996)

Mortimer, J. and B., *Trees and Their Bark* (Hamilton, NZ: Taitua Books, 2004)

Musgrave, Toby, Chris Gardiner, and Will Musgrave, *The Plant Hunters, Two Hundred Years of Adventure and Discovery Around the World* (London: Seven Dials, 2000)

Preston, Richard, *The Wild Trees* (London: Penguin/New York: Random House, 2007)

Rix, Martyn, and Roger Phillips, *The Botanical Garden, Volume 1 Trees and Shrubs* (London: Macmillan, 2002)

Short, Philip, *In Pursuit of Plants: Experiences of Nineteenth & Early Twentieth Century Plant Collectors* (Portland, OR: Timber Press, 2004)

Sibley, David Allen, *The Sibley Guide to Trees* (New York: Knopf Doubleday Publishing Group, 2009)

Smith, Paul (ed.), *The Book of Seeds: A Life-Size Guide to Six Hundred Species from Around the World* (London: Ivy Press, 2018)

Spongberg, Stephen, *A Reunion of Trees: The Discovery of Exotic Plants and Their Introduction into North American and European Landscapes* (Cambridge, MA: Harvard University Press, 1990)

Stafford, Fiona, *The Long, Long Life of Trees* (New Haven and London: Yale University Press, 2017)

Stewart, Amy, *Wicked Plants – the A–Z of plants that kill, main, intoxicate and otherwise offend* (Portland, OR: Timber Press, 2010).

Stokes, Jon, and Donald Rodger, *The Heritage Trees of Britain & Northern Ireland* (London: Constable with The Tree Council, 2004)

Tomlinson, P. B., *The Botany of Mangroves* (Cambridge and New York: Cambridge University Press, 2nd ed., 2016)

Van Pelt, Robert, *Forest Giants of the Pacific Coast* (Seattle: University of Washington Press, 2002)

Vaughn, Bill, *Hawthorn: The Tree That Has Nourished, Healed and Inspired Through the Ages* (New Haven and London: Yale University Press, 2015)

White, Lydia, and Peter Gasson, *Mahogany* (Richmond: Kew Publishing, 2008)

Willis, Kathy, and Carolyn Fry, *Plants: From Roots to Riches* (London: John Murray, 2014)

Woodford, James, *The Wollemi Pine: The Incredible Discovery of a Living Fossil from the Age of the Dinosaurs* (Melbourne: The Text Publishing Company, 2005)

图片版权

索 引